业扩报装

典型案例与实训指导

YEKUO BAOZHUANG
DIANXING ANLI YU SHIXUN ZHIDAO

陈杨 主编

杨群英 副主编

程翠微 雷晶晶 杨洋 编写

U0246568

中国电力出版社
CHINA ELECTRIC POWER PRESS

内 容 提 要

本书深入研究国家电网有限公司（简称国网公司）系统业扩报装相关规定，结合基层班组学习的需求，基于高压和低压业扩报装的典型案例，详细介绍业扩报装各环节的操作流程及操作方法，以模块的方式对生产人员进行理论及技能指导。本书以案例驱动相关理论的展开，给予读者最真实的工作场景。

在给定的典型案例条件下，以图片、表格、关键计算实例等多种形式真实模拟为客户进行业务受理、现场勘查、制定方案、中间检查、签订合同、竣工验收、装表接电等全业务全流程的工作过程。本书将国网公司系统现场典型业扩报装案例与业扩报装理论和技能相融合，可为电力营销人员开展电力营销业扩报装工作提供专业指导，为规范业扩报装工作提供技术支持。

本书可作为电力公司新员工入职培训、高职院校供用电技术专业教学、相关专业知识拓展的重要参考书籍，也适合业扩报装专业技能人员阅读。

图书在版编目（CIP）数据

业扩报装典型案例与实训指导/陈杨主编 . —北京：中国电力出版社，2018.12（2024.8 重印）
ISBN 978 - 7 - 5198 - 2518 - 8

Ⅰ.①业⋯ Ⅱ.①陈⋯ Ⅲ.①用电管理—案例 Ⅳ.①TM92

中国版本图书馆 CIP 数据核字（2018）第 234460 号

出版发行：中国电力出版社
地　　址：北京市东城区北京站西街 19 号（邮政编码 100005）
网　　址：http://www.cepp.sgcc.com.cn
责任编辑：牛梦洁（mengjie—niu@sgcc.com.cn）
责任校对：黄　蓓　郝军燕
装帧设计：郝晓燕
责任印制：钱兴根

印　　刷：固安县铭成印刷有限公司
版　　次：2018 年 12 月第一版
印　　次：2024 年 8 月北京第八次印刷
开　　本：787 毫米×1092 毫米　16 开本
印　　张：9
字　　数：222 千字
定　　价：40.00 元

前　　言

　　当今，随着电力营销优质服务水平日益提升，电力企业对于客户业扩报装的要求也随之变化，为了更好更快地为客户办理各类电力业务，供电企业的业扩报装政策也在作相应的调整，为此，有必要对现代电力企业用电业务办理的新流程、新技能进行详细介绍，使电力企业一线生产技能人员能够紧跟企业发展，为客户提供更好的服务。为此，编写了《业扩报装典型案例与实训指导》。

　　本书拟在深入研究公司系统业扩报装相关规定，结合基层班组学习的需求，基于高压和低压业扩报装的典型案例，介绍业扩报装各环节的具体实施流程及实施方法，以模块的方式分步骤对生产人员进行理论及技能指导，体现了"教学做"一体化的培训理念；同时，本书还结合先进的移动学习方式，以二维码形式介绍了对应案例在营销业务应用系统的操作步骤，作为补充学习素材，使读者全面掌握业扩报装操作技能。本书将公司系统现场典型业扩报装案例与业扩报装理论和技能相融合，可为电力营销人员开展电力营销业扩报装工作提供专业指导，为规范业扩报装工作提供技术支持，也可作为电力公司新员工入职培训、高职院校供用电技术专业教学、相关专业知识拓展的重要参考书籍。

　　在编写过程中，编者认真结合业扩报装培训的教学实践，吸收其他先进单位培训经验，依托公司优秀内训师资源，共同开发完成本书。

　　本书共分为六章，第一章为高低压典型案例背景和业务受理，由国网四川省电力公司技能培训中心程翠微、雷晶晶编写；第二章为现场勘查，由国网四川省电力公司技能培训中心杨群英编写；第三章为供电方案的制定，由国网四川省电力公司技能培训中心陈杨、杨洋编写；第四章为设计审查、中间检查及竣工验收，由国网四川省电力公司技能培训中心杨群英编写；第五章为供用电合同的拟订与签订，由国网四川省电力公司技能培训中心陈杨、杨洋编写；第六章为装表接电及信息归档，由国网四川省电力公司技能培训中心雷晶晶编写。

　　限于编者水平和编写时间的局限性，本书难免存在疏漏之处，恳请各位专家及读者不吝赐教，帮助我们不断提高不断完善。

编　者
2018 年 8 月

目　　录

目 录

第一章 业 务 受 理

一、业扩报装简介

业扩报装简称业扩，作为电力营销工作的一个重要环节，其主要含义是受理客户用电申请，依据客户用电的需求并结合供电网络的状况制定安全、经济、合理的供电方案。确定供电工程投资，组织供电工程的设计与实施，组织协调并检查用电客户内部工程的设计与实施，签订供用电合同，装表接电等，是客户申请用电到实际用电全过程中供电部门业务流程的总称。

《供电营业规则》规定，任何单位或个人需新装用电或增加用电容量、变更用电都必须按本规则规定，事先到供电企业用电营业场所提出申请，办理手续。传统的业扩报装流程包括业务受理、现场勘查、供电方案确定及答复、业务费收取、配套电网工程建设、设计文件审查、中间检查、竣工检验、供用电合同签订、停（送）电计划编制、装表接电、资料归档等工作环节。流程之间为前后串联模式，即办理完上一个流程，才能继续下一个流程，使得客户从申请用电到最终用上电的时间较长，对客户的生产、生活造成诸多不便。

为积极适应国家简政放权和电力改革形势，及时响应客户用电服务新需求，以市场为导向、以客户为中心，供电企业正在全面构建全环节适应市场、贴近客户的业扩报装服务模式。精简手续流程，推行"一证受理"和容量直接开放，实施流程"串改并"，取消普通客户设计文件审查和中间检查；畅通"绿色通道"，与客户工程同步建设配套电网工程；拓展服务渠道，加快办电速度，逐步实现客户最多"只进一次门，只上一次网"，即可办理全部用电手续。

1. 业扩报装工作内容

业扩报装工作主要内容包括：

（1）客户业扩报装受理，收集客户用电需求的有关信息，并深入客户用电现场了解客户现场情况、用电规模、用电性质以及该区域电网的结构，进行供电可靠性和供电合理性的调查，然后根据客户的用电需求和现场调查情况以及电网运行情况制定供电方案。

（2）根据确定的供电方案，一方面组织因业务扩充引起的供电设施新建、扩建工程的设计、施工、验收、启动；另一方面组织客户工程的设计、施工审查以及针对隐蔽工程进行施工的中间检查，最后组织客户工程的竣工验收。

（3）经竣工验收合格后，负责与客户签订供用电合同，组织装表接电，并立即将客户的有关资料传递相关部门建立抄表、核算等帐卡。

（4）最后建立客户的户务档案，进行日常的营业管理。

2. 业扩报装管理要求

业扩报装工作要全面践行"四个服务"宗旨及"你用电、我用心"服务理念，强化市场意识、竞争意识，认真贯彻国家法律法规、标准规程和供电服务监管要求，严格遵守公司供电服务"三个十条"规定，按照"主动服务、一口对外、便捷高效、三不指定、办事公开"原则，开展业扩报装工作。

（1）"主动服务"原则指强化市场竞争意识，前移办电服务窗口，由等待客户到营业厅办电，转变为客户经理上门服务，搭建服务平台，统筹调度资源，创新营销策略，制订个性化、多样化的套餐服务，争抢优质客户资源，巩固市场竞争优势。

（2）"一口对外"原则指健全高效的跨专业协同运作机制，营销部门统一受理客户用电申请，承办业扩报装具体业务，并对外答复客户；发展、财务、运检等部门按照职责分工和流程要求，完成相应工作内容；深化营销系统与相关专业系统集成应用和流程贯通，支撑客户需求、电网资源、配套电网工程建设、停（送）电计划、业务办理进程等跨专业信息实时共享和协同高效运作。

（3）"便捷高效"原则指精简手续流程，推行"一证受理"和容量直接开放，实施流程"串改并"，取消普通客户设计文件审查和中间检查；畅通"绿色通道"，与客户工程同步建设配套电网工程；拓展服务渠道，加快办电速度，逐步实现客户最多"只进一次门，只上一次网"，即可办理全部用电手续；深化业扩全流程信息公开与实时管控平台应用，实行全环节量化、全过程管控、全业务考核。

（4）"三不指定"原则指严格执行国家规范电力客户工程市场的相关规定，按照统一标准规范提供办电服务，严禁以任何形式指定设计、施工和设备材料供应单位，切实保障客户的知情权和自主选择权。

（5）"办事公开"原则指坚持信息公开透明，通过营业厅、"掌上电力"手机 APP、95598 网站等渠道，公开业扩报装服务流程，工作规范，收费项目、标准及依据等内容；提供便捷的查询方式，方便客户查询设计、施工单位，业务办理进程，以及注意事项等信息，主动接受客户及社会监督。

二、业务受理简介

业务受理是业扩报装开始环节，主要是收集客户用电需求的有关信息，明确双方后续工作职责及内容。为了便于后期业务办理，根据客户现供电电压等级和新增用电需求初步确定供电电压后，分为低压客户和高压客户报装业务进行正式受理。

1. 业务受理工作内容

业务受理人员受理客户用电申请时，应主动为客户提供用电咨询服务，接受并查验客户用电申请资料，审查合格后方可正式受理。

（1）询问客户申请意图。主动向客户提供用电业务办理告知书，告知客户需提交的资料清单，业务办理流程，收费项目及标准，监督电话等信息。

（2）审核客户历史用电情况、欠费情况、信用情况。如客户存在欠费情况，则须结清欠费后方可办理。

（3）接收并查验客户资料是否齐全、证照是否有效。按照"一证受理"原则，只需客户提供用电主体资格证明即可受理申请，但需要客户签署"承诺书"，约定其余资料提交时间节点；根据国家规定需办理环评报告、节能评估报告（登记表）、生产许可证的客户，若在申请阶段暂不能提供，可先行受理申请，并要求其在设计图纸文件审查前补齐，政策限制行业客户除外；客户在往次业务办理过程已提交且尚在有效期内的资料，无需再次提供。

（4）了解客户负荷情况。客户用电申请如具有非线性负荷并可能影响供电质量或电网安全运行，应书面告知客户委托有资质单位开展电能质量评估，并在竣工检验前提交初步治理技术方案和相关测试报告。

2. 业务受理管理要求

供电企业向客户提供营业厅、"掌上电力"手机 APP、95598 网站等办电服务渠道，实行"首问负责制""一证受理""一次性告知""一站式服务"。对于有特殊需求的客户群体，提供办电预约上门服务。

（1）"首问负责制"是指最先受理客户业务需求的部门或员工作为首问负责的部门和员工，负责处理或督促相关部门解决客户在用电方面提出的各类问题。无论办理业务是否对口，接待人员都要认真倾听，热心引导，快速衔接，并为客户提供准确的联系人、联系电话和地址。

（2）"一证受理"是指对于申请资料暂不齐全的客户，在收到其用电主体资格证明并签署"承诺书"后，正式受理用电申请并启动后续流程，现场勘查时收资。已有客户资料或资质证件尚在有效期内，则无需客户再次提供。

（3）"一次性告知"是指受理时应询问客户申请意图，向客户提供业务办理告知书，告知客户需提交的资料清单、业务办理流程、收费项目及标准、监督电话等信息，避免造成客户重复往返。《新装（增容）客户业扩报装告知书》需客户法人（委托人）签字并签章，由客户经理在查勘环节收集。

（4）"一站式服务"是指营销部门统一服务客户，内部各专业按照职责和流程提供支撑，实现跨专业信息实时共享和协同高效运作，是"一口对外"原则的具体表现形式。

3. 业务受理服务规范

（1）受理客户用电申请时，应主动向客户提供用电咨询服务，接收并查验客户申请资料，及时将相关信息录入营销业务应用系统，由系统自动生成业务办理表单（表单中办理时间和相应二维码信息由系统自动生成）。

（2）推行线上办电、移动作业和客户档案电子化，坚决杜绝系统外流转。

（3）推行居民客户"免填单"服务，业务办理人员了解客户申请信息并录入营销业务应用系统，生成用电登记表，打印后交由客户签字确认。

（4）通过线上渠道业务办理指南，引导客户提交申请资料、填报办电信息。电子坐席人员在 1 个工作日内完成资料审核，并将受理工单直接传递至属地营业厅，严禁层层派单。对于申请资料暂不齐全的客户，按照"一证受理"要求办理，由电子坐席人员告知客户在现场勘查时收资。

（5）实行同一地区可跨营业厅受理办电申请。各级供电营业厅均应受理各电压等级客户用电申请。同城异地营业厅应在 1 个工作日内将收集的客户报装资料传递至属地营业厅，实现"内转外不转"。

（6）"掌上电力"手机 APP、95598 网站受理的业务应在 1 个工作日内进行客户申请确认，并传递至属地营业班组。

第一节 高压业务受理

高压业务受理适用于用电设备容量在 100kW 及以上或变压器容量在 50kVA 以上，电压等级为 10（6）kV 及以上客户的用电新装申请。

一、高压业务受理要点

受理客户用电申请应主动向客户提供用电咨询服务，接收并查验客户用电申请资料，与客户预约现场勘查时间。受理过程中应注意以下要点：

（1）询问客户申请意图，向客户提供用电业务办理告知书（高压）（见附录 1-1），告知客户需提交的申请资料清单（见附录 1-2），业务办理流程，收费项目及标准，监督电话等信息。业务办理人员了解客户申请信息并录入营销业务应用系统，生成高压客户用电登记表（见附录 1-3），打印后交由客户签字确认。

（2）接收并查验客户资料是否齐全、证照是否有效。按照"一证受理"原则，只需客户提供用电主体资格证明即可受理申请，但需要客户签署承诺书（附录 1-4），约定其余资料提交时间节点；根据国家规定需办理环评报告、节能评估报告（登记表）、生产许可证的客户，若在申请阶段暂不能提供，可先行受理申请，并要求其在设计图纸文件审查前补齐，政策限制行业客户除外；客户在往次业务办理过程已提交且尚在有效期内的资料，无需再次提供。

（3）客户用电申请如具有非线性负荷并可能影响供电质量或电网安全运行，应书面告知客户委托有资质的单位开展电能质量评估，并在竣工检验前提交初步治理技术方案和相关测试报告。

（4）请客户留下联系信息，填写联系人资料表（见附录 1-5）。

二、高压案例背景

某日，经办人王××到××市××供电营业厅办理新装业务，客户提供的具体报装信息如下（以下信息为模拟案例信息）。

（一）客户基本信息

××市××汽车配件厂，申请新装一台 500kVA 的专用变压器（以下简称专变），其厂房地址位于××市青羊区双顺路 180 号，注册办公地址位于××市青羊区青羊大道 88 号，主要生产汽车零部件及配件，三班制生产，受电变压器型号 S11，箱式变压器。客户的证件信息及联系信息如下。

1. 证件信息

（1）营业执照：51010200010×××。

（2）税务登记证：×地税字第 51012010000×××号。

2. 联系信息

（1）账务联系人：杨××，电话：138×××4586。

（2）停送电联系人：李××，电话：135×××2014。

（3）法人代表：陈××，身份证号：51001019700101××××，电话：136×××
×6688。

（4）经办人：王××，身份证号：51001019750521××××，电话：158×××1717。

3. 地址信息

用电地址：××市青羊区双顺路 180 号。

（二）客户用电设备

客户用电包括动力生产用电和办公照明用电两部分，详细的客户用电设备信息见表1-1，
需用系数为 0.75。

表 1-1 客户用电设备清单

序号	设备名称	型号	容量（千瓦）	数量	总容量（千瓦/千伏安）	负荷等级
1	车床	CA6140	5.5	10	55	三级
2	铣床	XK-1060	7.5	8	60	三级
3	刨床	B6050G	7.5	6	45	三级
4	镗床	T618	13.5	5	67.5	三级
5	行车	LDA-30	12.5	2	25	三级
6	淬火炉	RCM-75-9	75	4	300	三级
7	办公照明	—	—	—	18	三级

三、高压业务受理流程案例解析

××市××供电营业厅业务受理员 A 接待了王××，经过询问，以及王××提供的信息，了解了客户的用电需求，确定这是一个高压新装业务，启动业务受理流程。

1. 向客户提供用电业务办理告知书（高压）

用电业务办理告知书（高压）正面如附录1-1所示，背面如附录1-2所示。告知客户业务办理流程及注意事项见告知书正面，需提交的资料清单见告知书背面。如果客户了解后没有问题，请其签字确认，并在现场勘查环节提交。

2. 接收并查验客户资料

该客户为普通高压客户，需要提供的申请资料有：

（1）用电主体资格证明材料（如法人代表身份证、营业执照、组织机构代码证等）。

（2）与用电人身份一致的有效产权证明原件及复印件。

（3）政府职能部门有关本项目立项的批复文件（政府相关部门的证明文件）。

（4）客户用电设备清单。

如果是非企业负责人（法人代表）办理时，还应提供：

（1）授权委托书或介绍信（原件）。

（2）经办人有效身份证明复印件（包括身份证、军人证、护照、户口簿或公安机关户籍证明等）。

告知客户业务受理环节按照"一证受理"原则，只需提供营业执照就可以先行受理业

务，其余资料在后续环节补齐即可，但需要签署一份承诺书，约定其余资料的提交时间。

王××准备好的资料有法人代表身份证、营业执照、税务登记证、客户用电设备清单、经办人身份证、授权委托书。业务受理员 A 查验证件资料有效后，收取复印件存档，并拿出承诺书让王××签署。承诺书模板见附录 1-4，王××签署好的承诺书示例如图 1-1 所示。

承诺书

非居民客户承诺书

国网##供电公司：

本人（单位）因新建××汽车配件厂需要办理用电申请手续，此次申请用电的地址为××市青羊区双顺路 180 号，申请用电的容量 500 千伏安（或千瓦）。因××原因，目前暂时只能提供本单位的主体资格证明资料《营业执照》，其他相应的用电申请资料在以下时间点提供：

在现场勘查环节提交资料 1：《政府项目批文》。

在现场勘查环节提交资料 2：《产权证明》。

为保证本单位能够及时用电，在提请供电公司先启动相关服务流程，我本人（单位）承诺：

1. 我方已清楚了解上述各项资料是完成用电报装的必备条件，不能在规定的时间提交将影响后续业务办理，甚至造成无法送电的结果。若因我方无法按照承诺时间提交相应资料，由此引起的流程暂停或终止、延迟送电等相应后果由我方自行承担。

2. 我方已清楚了解所提供各类资料的真实性、合法性、有效性、准确性是合法用电的必备条件。若因我方提供资料的真实性、合法性、有效性、准确性问题造成无法按时送电，或送电后在生产经营过程中发生事故，或被政府有关部门责令中止供电、关停、取缔等情况，所造成的法律责任和各种损失后果由我方全部承担。

用电人（承诺人）：王××

2018 年 8 月×日

图 1-1　客户签署的承诺书示例

3. 了解客户申请信息并录入营销业务应用系统

根据客户提供的申请信息，业务受理员 A 启动业务受理线上流程。

（1）登录系统。打开营销业务应用系统，输入用户名和密码，登录。如图 1-2 所示。

图 1-2 登录营销业务应用系统

（2）启动高压新装流程。在系统左边业务菜单里找到"高压新装"，点击"业扩报装"左边＋号→"新装增容"左边＋号→单击"高压新装"，启动高压新装业务受理流程，如图 1-3 所示。

图 1-3 启动高压新装流程

（3）逐页逐项录入业务受理信息。

1）申请信息。在申请信息页面依次录入必填项（红色 * 项），用户名称为××市××汽车配件厂，供电单位根据实际情况填写，在填用电地址前先选择城乡类别，然后点击用电地址后面的查找符号，弹出"填写用电地址"对话框。在弹出的"填写用电地址"对话框中填写用电地址，省、市、区县、道路根据客户信息在下拉菜单选择，门牌填写 180 号，点击保存。具体操作步骤如图 1-4 所示。

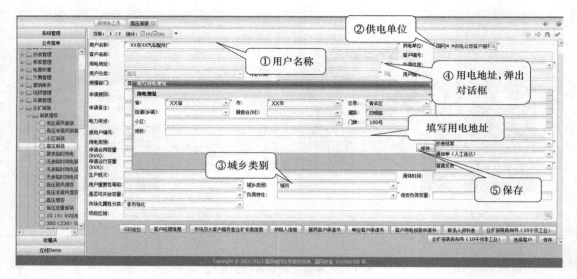

图 1-4　申请信息填写

　　负荷分类下拉选择"三类",点击行业分类后面的选择符号,弹出选择行业分类对话框。业务受理员 A 判断该客户主要用电(生产用电)的行业分类属于汽车零部件及配件制造,在弹出的对话框中依次点击"工业"→"制造业"→"汽车制造业"→"汽车零部件及配件制造",点击确定。具体操作如图 1-5 所示。

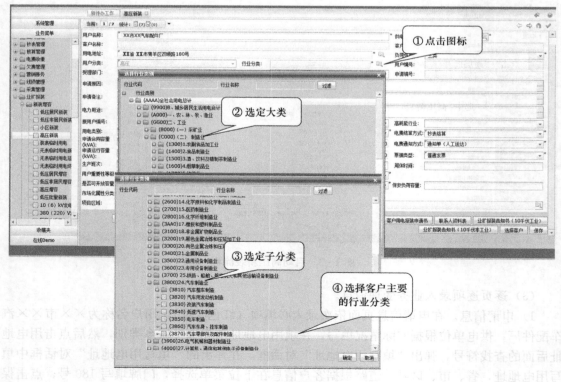

图 1-5　行业分类选择

接着填写页面其余申请信息，其中，用电类别选择客户的主要用电类别，这里选择大工业用电；供电电压根据客户申请的合同容量选择，500kVA选择交流10kV；申请合同容量填500kVA，合计合同容量、申请运行容量、合计运行容量系统默认为与申请合同容量一致。填写完毕的界面如图1-6所示。填完后点击右下角的保存，然后点右上角的向右黄色箭头，进入下一个页面。

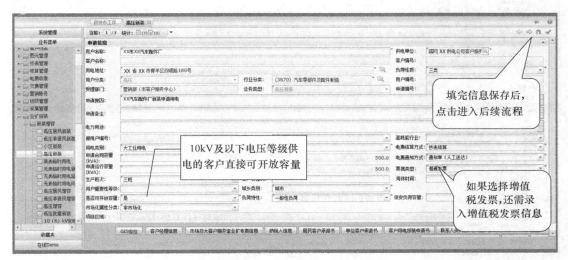

图1-6　填写完毕的申请信息界面

2）客户信息。申请信息填完后，会自动生成工单的申请编号，这是流程的重要标识，可通过此编号查询流程情况。客户信息页面要填写证件信息、联系信息、客户地址、账户信息，点击"证件信息"→"添加"，在出现的"详细信息"下填写证件信息。如图1-7所示。

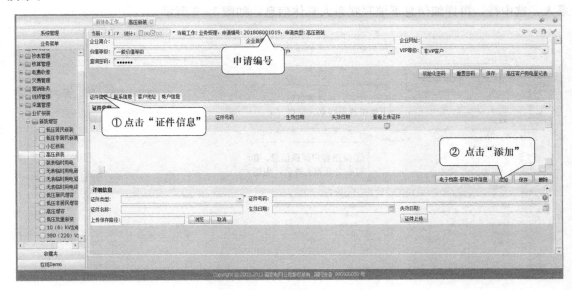

图1-7　证件信息添加界面

添加客户提供的申请证件信息，如图1-8所示。

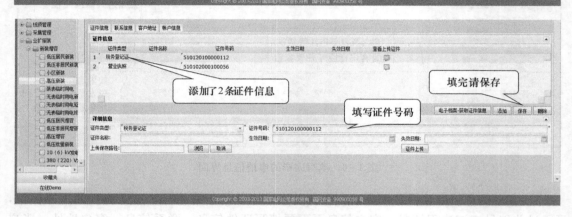

图1-8 添加完毕的证件信息

点击"联系信息"，进入联系信息添加界面。系统默认必须添加账务联系人和停送电联系人，选中行，再详细信息下填写联系人具体信息，如图1-9所示。

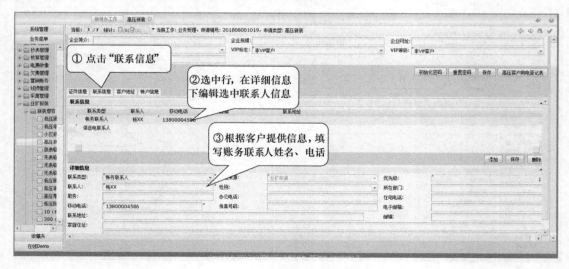

图1-9 联系信息添加界面

同样的方法添加停送电联系人信息。由于客户还提供了法人代表信息和经办人信息，这里一并添加上，具体操作方法如图 1-10 所示。

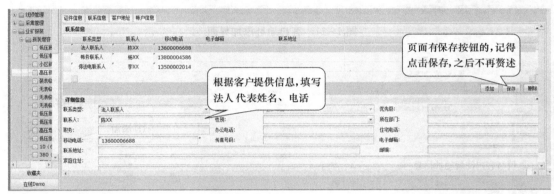

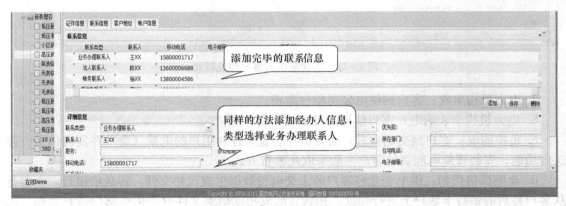

图 1-10 添加完毕的联系信息界面

点击"客户地址"，进入客户地址添加界面。系统默认有一条用电地址，是根据申请信息自动生成的，如果还需添加其他地址，点击"添加"，在"详细信息"下填写具体内容，如图 1-11 所示。

本案例中客户用电地址为生产厂房地址，办公用电地址即注册地址跟用电地址不同，所以这里需要添加一条注册地址。如图 1-12 所示。

点击"账户信息"，下拉选择客户的缴费方式。这里简单解释各种缴费方式的含义。

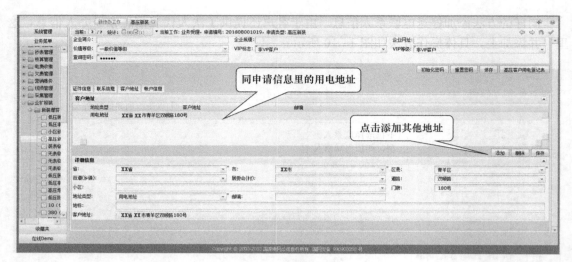

图 1-11　客户地址添加界面

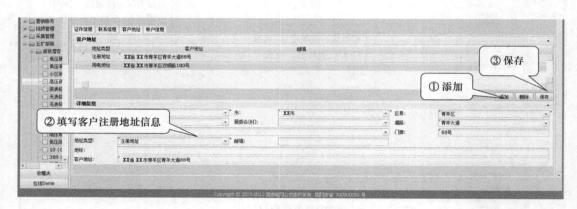

图 1-12　添加完毕的客户地址界面

　　a. 电力机构坐收：客户到供电公司柜台缴费。

　　b. 电力机构卡表购电：客户使用的是卡表，用卡充值。

　　c. 负控购电：客户预交电费后，通过负控装置来控制用户的电量（费）并实现催费、停送电功能，安装智能电能表的客户一般采取此缴费方式。

　　d. 金融机构代扣：供电企业将客户的未交电费数据生成代扣文件，传送给银行，由银行从客户签约的银行卡账户上进行扣款，扣款后形成扣款结果文件返回供电部门进行销账。需要录入银行账户信息。

　　e. 电力机构走收：供电部门催费员到客户家中去收电费。

　　f. 金融机构代收：客户到银行窗口交电费。

　　g. 特约委托：根据客户、银行签订的电费结算协议，管理单位委托开户银行从客户的银行账户上扣除电费，有手工托收和电子托收两种。需要录入银行账户信息。

　　h. 居民预存：居民客户预交电费。

　　由于现在客户一般都安装智能电能表，如无特殊说明，一般选择负控购电方式。

　　所有客户信息填写完毕，点击右上角向右黄色箭头，进入下一个页面。如图 1-13 所示。

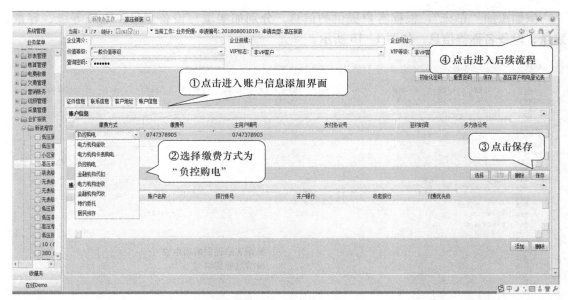

图 1-13 客户信息添加完毕

3）受电设备。客户信息填完后，进入到受电设备信息添加界面。点击"添加"，弹出添加受电设备对话框。由于受电设备的很多信息在业务受理环节往往不能确定，一般这里可以不录入，在其后的现场勘查及拟定供电方案环节再录入即可；如果业务环节录入了，也可以在后续环节进行修改。本案例中不录入，直接点击下一步进入下一个页面。

4）用电设备信息。在用电设备信息界面，点击"添加"，逐一录入客户的用电设备信息。用电设备的填写将为勘查人员到现场勘查和制定供电方案提供参考，并且为后期合同的制作提供相关资料，所以业务受理人员要尽量和客户沟通，力求按实际情况填写。本案例中根据客户提供的用电设备清单，需要录入车床、铣床、刨床、镗床、行车、淬火炉、办公照明等用电设备。

这里所有设备类型均选择"其他"，在设备名称里填写具体的用电设备，如图 1-14 所示。

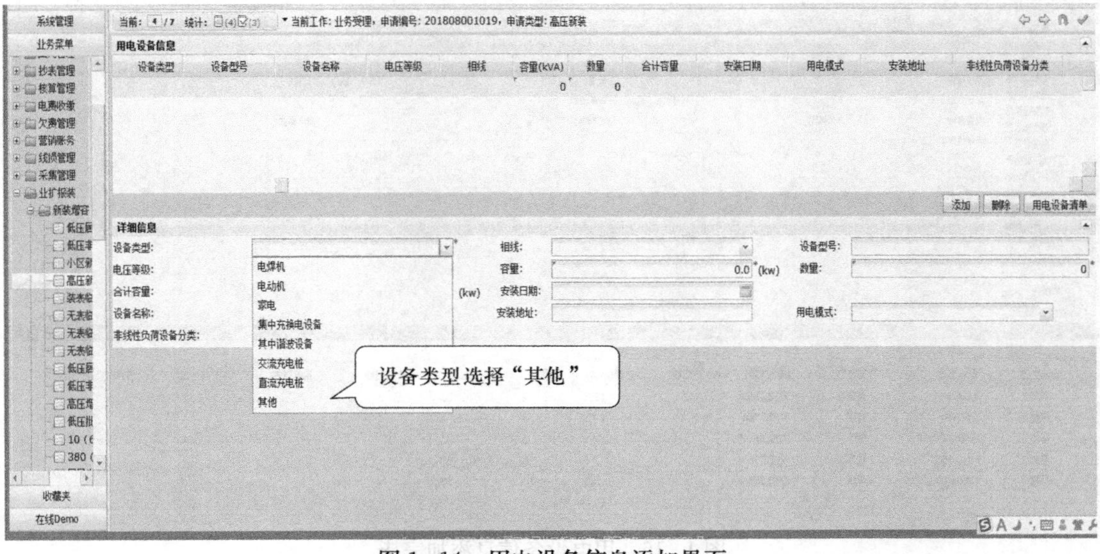

图 1-14 用电设备信息添加界面

例如添加"车床",根据客户提供的信息,分别如实填写设备型号、电压等级、容量、数量、设备名称等信息,如图 1-15 所示。

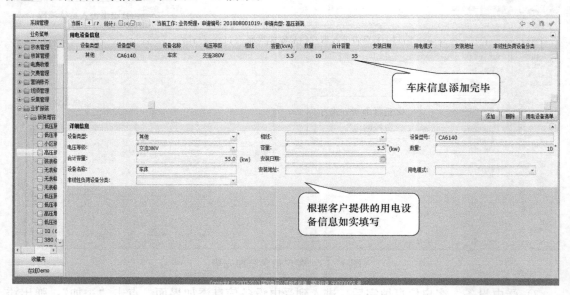

图 1-15　车床信息添加

依次类推,添加其他用电设备信息。添加完毕的用电设备信息界面如图 1-16 所示。点击界面右上角向后的黄色箭头,进入下一个页面。

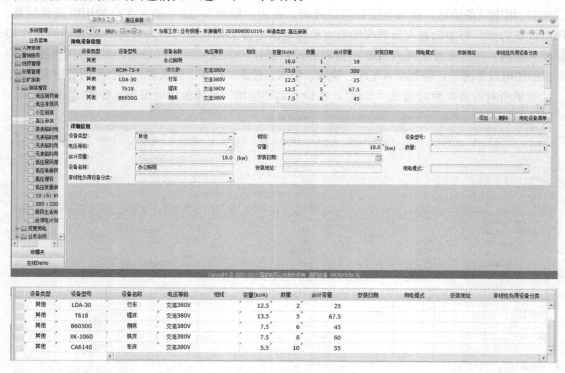

图 1-16　用电设备信息添加完毕

5）费控用户信息。用电设备信息填写完毕之后，进入费控用户信息的填写。由于该客户缴费方式是负控购电，这里需要录入费控信息。费控标志为"是"，其余信息根据实际情况或与客户约定的内容填写。填写完毕的界面如图1-17所示。

填完后点击界面右上角向后的黄色箭头，进入下一个页面。

图1-17　费控用户信息填写界面

6）用电资料信息。费控用户信息填写完毕后，进入用电资料信息的录入界面。由于采用"一证受理"，客户有些用电资料并未提交齐全，所以该环节可不录入用电资料信息，待现场勘查环节收资齐全后统一录入；也可以先录入营业执照信息，后续环节再添加其他用电资料信息。注意：用电资料必须上传附件，即证件或资料的电子文件。本案例不添加用电资料，如果要添加，操作步骤如图1-18所示。至此，业务受理环节线上流程结束，转入后续勘查派工流程。

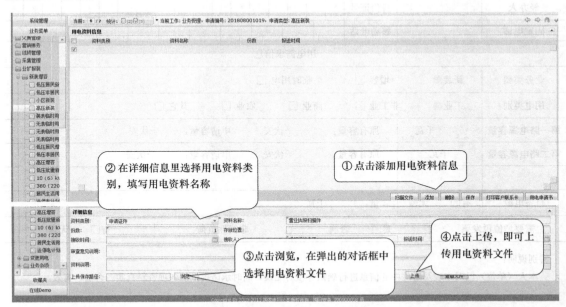

图1-18　添加用电资料操作步骤

4. 生成客户用电登记表，打印后交由客户签字确认

系统生成的客户用电登记表模板见附录1-3a～附录1-3c，包括高压客户用电登记表和附表《客户主要用电设备清单》，表单中办理时间和相应二维码信息由系统自动生成。客户

核对信息无误后签字确认。本案例中的客户用电登记表示例见表1-2，客户主要用电设备清单示例见表1-3。

表1-2 客户用电登记表示例

高压客户用电登记表

客户基本信息				
户名	××市××汽车配件厂		户号	系统自动生成
（证件名称）	营业执照		（证件号码）	51010200010××××
行业	汽车零部件及配件制造		重要客户	是□ 否■
用电地址	××市青羊区县（市/区） 街道（镇/乡） 社区（居委会/村）			
	双顺路道路小区 组团（片区）			
通信地址			邮编	
电子邮箱				
法人代表	陈××	身份证号	5 1 0 0 1 0 1 9 7 0 0 1 0 1 × × × ×	
固定电话		移动电话	1 3 6 × × × × 6 6 8 8	
客户经办人资料				
经办人	王××	身份证号	5 1 0 0 1 0 1 9 7 5 0 5 2 1 × × × ×	
固定电话		移动电话	1 5 8 × × × × 1 7 1 7	
用电需求信息				
业务类型	新装■ 增容□ 临时用电□			
用电类别	工业■ 非工业□ 商业□ 农业□ 其它□			
第一路电源容量	570.5千瓦	原有容量： 千伏安	申请容量：500千伏安	
第二路电源容量	千瓦	原有容量： 千伏安	申请容量： 千伏安	
自备电源	有□ 无■	容量： 千瓦		
需要增值税发票	是□ 否■	非线性负荷	有□ 无■	

特别说明：

本人（单位）已对本表及附件中的信息进行确认并核对无误，同时承诺提供的各项资料真实、合法、有效。

经办人签名（单位盖章）：王××（盖公章）

供电企业填写	受理人：业务办理员A	申请编号：系统自动生成
	受理日期：系统自动生成	供电企业（盖章）：××供电公司章

表 1 - 3　　　　　　　　　　　客户主要用电设备清单示例

客户主要用电设备清单

户号	系统自动生成		申请编号		系统自动生成
户名	××市××汽车配件厂				
序号	设备名称	型号	数量	总容量（千瓦/千伏安）	负荷等级
1	车床	CA6140	10	55	三级
2	铣床	XK - 1060	8	60	三级
3	刨床	B6050G	6	45	三级
4	镗床	T618	5	67.5	三级
5	行车	LDA - 30	2	25	三级
6	淬火炉	RCM - 75 - 9	4	300	三级
7	办公照明		1	18	三级

用电设备容量合计： 36 台　570.5千瓦（千伏安）	根据用电设备容量及用电情况统计 我户需求负荷为　　　千瓦

经办人签名（单位盖章）：王××（盖公章）　　　　　　　　　　××××年××月××日

（系统自动生成）

5. 请客户留下联系信息

最后请客户留下联系信息，填写联系人资料表。联系人资料表见附录 1 - 5，客户填写好的联系人资料表示例见表 1 - 4。

表 1-4   联系人资料表示例

联系人资料表

户号			系统自动生成	申请编号	系统自动生成									
户名					××市××汽车配件厂									
法人 联系人	姓 名	陈××	固定电话	移动电话	1	3	6	×	×	×	×	6	6	8	8
	邮 编		通讯地址												
	传 真		电子邮箱												
电气 联系人	姓 名	李××	固定电话	移动电话	1	3	5	×	×	×	×	2	0	1	4
	邮 编		通讯地址												
	传 真		电子邮箱												
账务 联系人	姓 名	杨××	固定电话	移动电话	1	3	8	×	×	×	×	4	5	8	6
	邮 编		通讯地址												
	传 真		电子邮箱												
业务办理 联系人	姓 名	王××	固定电话	移动电话	1	5	8	×	×	×	×	1	7	1	7
	邮 编		通讯地址												
	传 真		电子邮箱												
经办人签名（单位盖章）：王××（盖公章）						2018 年 8 月×日									
其他说明		办理高压和低压非居民新装、临时用电业务时应填写本表。办理其他业务，根据实际需要填写。													

6. 业务受理环节结束，所有资料存档

业务受理员 A 告知客户接下来会有工作人员与其联系并预约现场勘查时间，礼貌地送别客户。

第二节 低压业务受理

本业务适用于电压等级为 220V 或 380V 的低压用户。

低压单相 220V 供电的用户主要为照明和小动力用户。一般情况下，客户单相用电设备总容量在 10kW 及以下，在经济发达地区用电设备总容量可扩大至 16kW。

低压三相 380V 供电的用户主要为三相小容量用户。一般情况下，客户用电设备总容量在 100kW 及以下或受电变压器容量在 50kVA 及以下，在用电负荷密度较高的地区，经过技术经济比较，采用低压供电的技术经济性明显优于高压供电时，低压供电的容量可适当提高。

一、低压业务受理要点

（1）询问客户申请意图。了解客户需求、办理业务的种类等基本情况。

（2）向客户提供业务办理告知书（见附录1-6a～附录1-6c），并一次性告知客户应提交资料、业务办理流程、收费项目及标准、监督电话等信息。对于申请资料暂不齐全的客户，在收到其用电主体资格证明并签署承诺书（见附录1-7a～附录1-7b）后，正式受理用电申请并启动后续流程，现场勘查时收资。已有客户资料或资质证件尚在有效期内，则无需客户再次提供。

（3）查询客户以往的服务记录。核查客户同一自然人或同一法人主体其他用电地址的以往用电历史、欠费情况、信用情况并形成申请附加信息，如有欠费则向客户解释说明结清欠费后才能受理其申请。

（4）实行"免填单"服务。业务办理人员了解客户申请信息并录入营销业务应用系统，生成用电登记表（见附录1-8a、附录1-8b），打印后交由客户签字确认。业务正式受理后，业务受理员当日录入系统。

（5）实行同一地区可跨营业厅受理办电申请。各级供电营业厅均应受理各电压等级客户用电申请。同城异地营业厅应在1个工作日内将受理工单信息传递至属地营业厅，实现"内转外不转"。

（6）其他受理方式：提供"掌上电力"手机 APP、95598 网站等线上办理服务。通过线上渠道业务办理指南，引导客户提交申请资料、填报办电信息。电子坐席人员在1个工作日内完成资料审核，并将受理工单直接传递至属地营业厅，严禁层层派单。对于申请资料暂不齐全的客户，按照"一证受理"要求办理，由电子坐席人员告知客户在现场勘查时收资。

二、低压案例背景

某日，经办人李××到×市某供电营业厅办理新装业务，客户提供的具体报装信息如下（以下信息为模拟案例信息）。

1. 客户基本信息

××超市位于××市青羊区精城路55号，占地400m²，主要零售酒、定型包装食品、散装直接入口食品（含乳冷食品）、粮油制品、熟食制品、鲜肉、水产品、禽蛋、蔬菜、干鲜果品、日用百货等。客户的证件信息及联系信息如下。

（1）证件信息。

营业执照：31010100257××××。

（2）联系信息。

1）账务联系人：张××，电话：136×××8008。

2）停送电联系人：李××，电话：135×××6006。

3）法人代表：王××，身份证号：622326×××××××0025，电话：028-85×××××66、136×××6628。

4）经办人：李××，身份证号：622326×××××××171X，电话：028-85××××88、158×××3755。

（3）地址信息。

用电地址/通信地址：××市青羊区精城路55号。

2. 客户用电设备

客户用电设备清单如表1-5所示，需用系数为0.8。

表 1-5 　　　　　　　　　　低压客户用电设备清单

序号	设备名称	型号	容量（千瓦）	数量	总容量（千瓦/千伏安）	负荷等级
1	空调设备	/	3	5	15	三级
2	冷冻冷藏设备	/	1	5	5	三级
3	照明设备	/	0.03	200	6	三级
4	收银台及电脑设备	/	0.2	5	1	三级
5	其他公共设备	/	12.5	/	8	三级

三、低压业务受理流程案例解析

用电申请有营业厅受理和电子渠道受理（简称线下和线上）两种方式，线上办理渠道有"掌上电力"手机 APP、95598 网站、微信、自助服务终端等。本章节案例解析仅介绍营业厅业务受理规范。

（1）营业厅服务人员坚持"首问负责制"，热情招待客户，提供用电咨询服务。

主动询问客户办理什么业务，判断业务类型是新装、增容、还是变更用电，本案例为客户新建的超市需要用电，所以为低压非居民新装业务。

（2）营业厅服务人员双手将正面朝上的非居民客户承诺书（见表 1-6）呈递给客户。并一次性告知客户相关信息。

1）需提供的申请资料：

a. 用电主体资格证明材料（自然人客户提供身份证、军人证、护照、户口簿或公安机关户籍证明等）；法人或其他组织提供法人代表有效身份证明（同自然人）、营业执照等。

b. 房屋产权证明或土地权属证明文件。

如果办理人暂时无法提供房屋产权证明或土地权属证明文件，营业厅提供"一证受理"服务，客户签署承诺书，见表 1-6，营业厅可先行受理，启动后续工作。客户在现场勘查时补齐相关资料即可。

c. 如果不是企业负责人（法人代表）办理时，企业、工商、事业单位、社会团体的申请用电委托代理人办理时，应提供：①授权委托书或单位介绍信（原件）；②经办人有效身份证明复印件（包括身份证、军人证、护照、户口簿或公安机关户籍证明等）。

注意：重点核查客户资料的真实性、有效性，以及营业执照上地址、法人、经营范围，土地证上地址，法人身份证信息是否一致。

2）非居民新装业务办理流程：

a. 现场查勘并答复供电方案。受理客户用电申请后，将在 5 个工作日内，或者按照与客户约定的时间开展上门服务并答复供电方案。

b. 工程实施。如果客户用电涉及工程施工，根据国家规定，产权分界点以下部分由客户负责施工，产权分界点以上工程由供电企业负责。请客户自主选择产权范围内工程的施工单位（具备相应资质，具体可查询各省建设厅网站、电监办网站），工程竣工后，请客户及时报验，供电公司将在 3 个工作日内完成竣工检验。

c. 装表接电。在竣工检验合格，签订《供用电合同》及相关协议，并按照政府物价部门批准的收费标准结清业务费用后，供电公司将在 3 个工作日内装表接电。

3）收费项目及标准：

a. 临时接电费。自 2017 年 12 月 1 日起，临时用地的用户不需再缴纳临时接电费。

b. 高可靠性供电费。自 2016 年 10 月 1 日起，对申请新装及增加用电容量的两路及以上多回路供电（含备用电源、保安电源），以及增加供电回路达到两路及多回路供电的用户，高可靠性供电费用按《四川省物价局、四川省经济委员会转发〈国家发展改革委关于停止收取供配电贴费有关问题的补充通知〉的通知》（川价工〔2004〕43 号）所规定收费标准的 50％收取。

本案例客户为普通电力客户，不需要收取费用。

4）监督电话：95598 服务热线、电力监管机构 12398 监督电话。

（3）查询客户以往的服务记录。**根据客户提供的申请资料，如营业执照、法人身份证等，在系统中审核客户历史用电情况、欠费情况、信用情况。如果有欠费，客户需结清后再办理。**

（4）实行"免填单"服务。

1）**营业厅服务人员了解客户申请信息，并录入营销业务应用系统。受理线上流程如下：**
a. 打开营销业务应用系统，登录。如图 1-19 所示。

图 1-19 登录营销业务应用系统

b. 在系统左边"业务菜单"里找到"业扩报装"，点击"业扩报装"左边＋号→点击"新装增容"左边＋号→点击"低压非居民新装"，启动低压非居民新装业务受理流程，如图 1-20 所示。

c. 逐页逐项录入业务受理信息。

（a）申请信息。在申请信息页面依次录入必填项（＊项），用户名称为××超市，供电单位根据实际情况填写，在填用电地址前先选择城乡类别，然后点击用电地址后面的选择符号，弹出填写用电地址的对话框。具体操作步骤如图 1-21 所示。

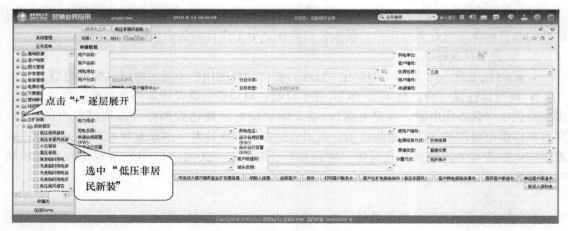

图 1-20　低压非居民新装流程入口

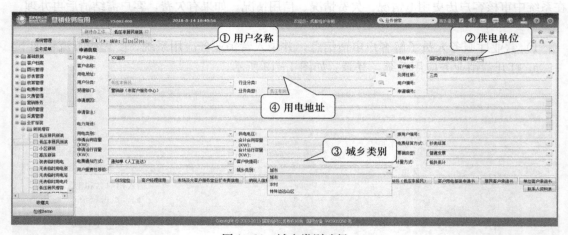

图 1-21　城乡类别选择

在弹出的对话框中填写用电地址，省、市、区县、道路根据客户信息在下拉菜单选择，门牌填写 55 号，点击"保存"键。如图 1-22 所示。

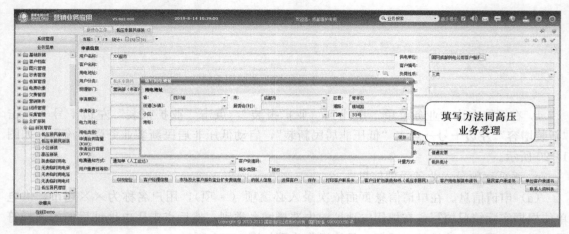

图 1-22　用电地址填写

负荷分类下拉选择"三类",点击行业分类后面的选择符号,弹出选择行业分类对话框。根据国民经济行业分类(GB/T 4754—2002),该客户主要用电(生产用电)的行业分类属于综合零售,在弹出的对话框中依次点击"批发和零售业"→"零售业"→"综合零售",点击"确定"。具体如图1-23所示。

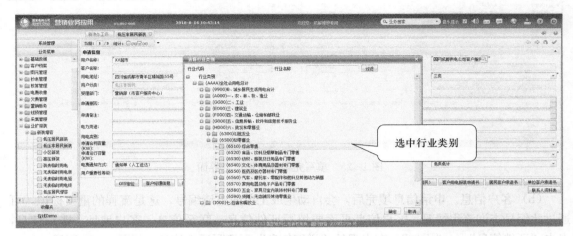

图1-23 行业分类选择

系统中用电类别有中小学教学用电、农业生产用电、农业灌溉用电、贫困县农业排灌用电、非居民照明、非工业、普通工业、普通工业中小化肥、工业用电、大工业、居民用电等,该客户属于"商业用电",如图1-24所示。

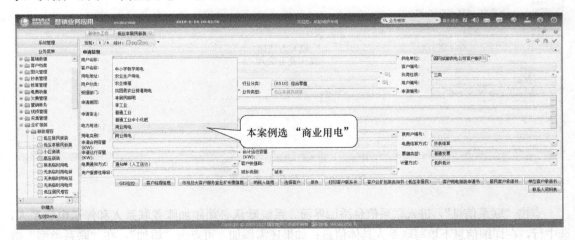

图1-24 用电类别选择

接着填写页面其余申请信息,其中,供电电压根据客户用电设备装接容量选择,28kW选择交流380V;申请合同容量填28kW,合计合同容量、申请运行容量、合计运行容量系统默认为与申请合同容量一致;发票类型有增值税发票、普通发票、业务收据等类型,按客户要求填写,如要求增值税发票,需客户提供增值税发票信息(公司名称、地址、纳税人识别号、开户行、开户行账号等),填写完毕的界面如图1-25所示。填完后点击右下角"保存",然后点击右上角"向右黄色箭头",进入下一个页面。

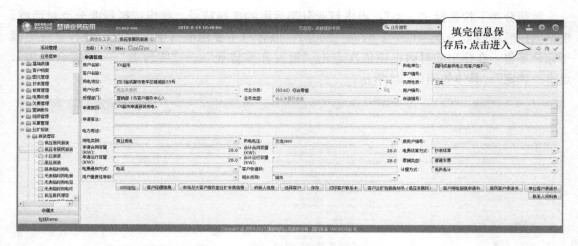

图 1-25 填写完毕的申请信息界面

（b）客户信息。申请信息填完后，会自动生成工单的申请编号，这是流程的重要标识，可通过此编号查询流程情况。客户信息页面要填写证件信息、联系信息、客户地址、账户信息，点击"证件信息"→"添加"，在出现的"详细信息"下填写证件信息，如图 1-26 所示。

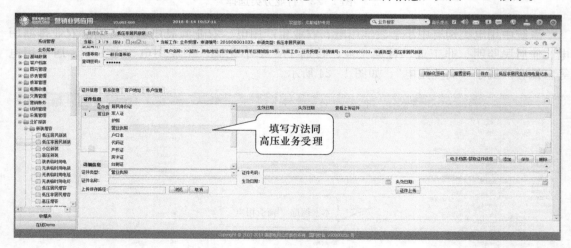

图 1-26 证件信息添加界面

点击"联系信息"，进入联系信息添加界面。系统默认必须添加账务联系人和停送电联系人，选中行，在详细信息下填写联系人具体信息；如果还需添加，可点击"添加"，在"联系类型"选择"法人联系人""业务办理联系人"等，将相应信息填写在"详细信息"中，如图 1-27 所示。

点击"客户地址"，进入客户地址添加界面。系统默认有一条用电地址，是根据申请信息自动生成的，如果还需添加其他地址，点击"添加"，在"详细信息"下填写具体内容，如图 1-28 所示。

点击"账户信息"，下拉选择客户的缴费方式。这里简单解释一下各种缴费方式的含义：①电力机构坐收指客户到供电公司柜台缴费；②电力机构卡表购电指客户使用的是卡表，用卡充值；③负控购电指客户预交电费后，通过负控装置来控制用户的电量（费）并实现催费、停送电功能，安装智能电能表的客户一般采取此缴费方式；④金融机构代扣指供电企业

图1-27 联系信息添加界面

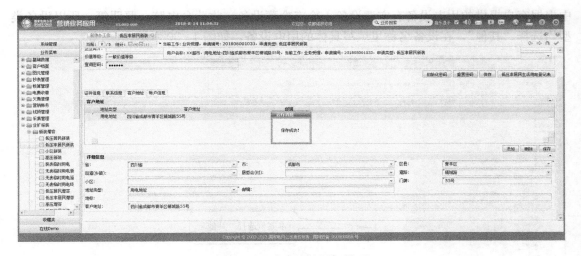

图1-28 客户地址添加界面

将客户的未交电费数据生成代扣文件，传送给银行，由银行从客户签约的银行卡账户上进行扣款，扣款之后形成扣款结果文件返回供电部门进行销账。需要录入银行账户信息；⑤电力机构走收指供电部门催费员到客户家中去收电费；⑥金融机构代收指客户到银行窗口交电费；⑦特约委托指根据客户、银行签订的电费结算协议，管理单位委托开户银行从客户的银行账户上扣除电费，有手工托收和电子托收两种。需要录入银行账户信息；⑧居民预存指居民客户预交电费。

　　如无特殊说明，现在一般选择负控购电方式。所有客户信息填写完毕，点击"保存"，并点击右上角"向右黄色箭头"，进入下一个页面，如图1-29所示。

　　（c）用电设备信息。在用电设备信息界面，点击"添加"，逐一录入客户的用电设备信息。用电设备的填写将为勘查人员到现场勘查和制定供电方案提供参考，并且为后期合同的制作提供相关资料，所以营业厅服务人员要尽量和客户沟通，力求按实际情况填写。本案例

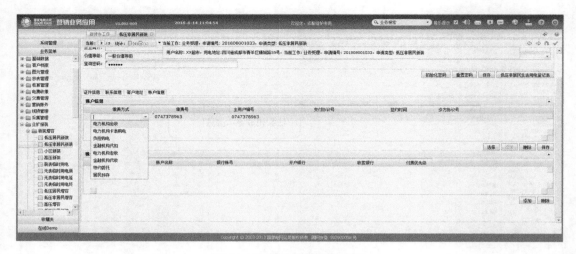

图 1-29 客户信息添加完毕

中根据客户提供的用电设备有空调设备、冷冻冷藏设备、收营台电脑、照明等，所以设备类型均选择"其他"，在设备名称里填写具体的用电设备，如图 1-30 所示。

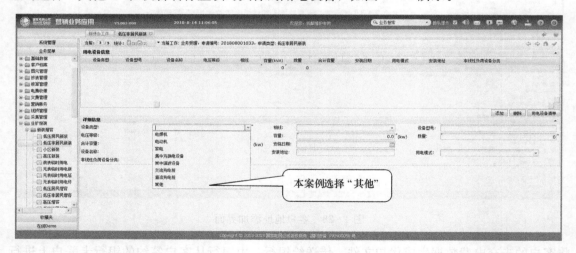

图 1-30 用电设备信息添加界面

　　根据客户提供的信息，分别如实填写设备型号、电压等级、容量、数量、设备名称等信息，如图 1-31 所示。

　　（d）用电资料。由于采用"一证受理"，客户有些用电资料并未提交齐全，所以该环节可不录入用电资料信息，待现场勘查环节收资齐全后统一录入；也可以先录入营业执照信息，后续环节再添加其他用电资料信息。注意：用电资料必须上传附件，即证件或资料的电子文件，如图 1-32 所示。

　　（e）费控用户信息。由于该客户缴费方式是负控购电，这里需要录入费控信息。费控标志为"是"，其余信息根据实际情况或与客户约定的内容填写。填写完毕的界面如图 1-33 所示。填完后点击界面右上角向后的黄色箭头，进入下一个页面。

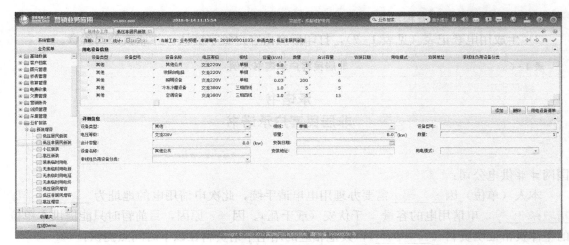

图 1-31 用电设备信息添加完毕

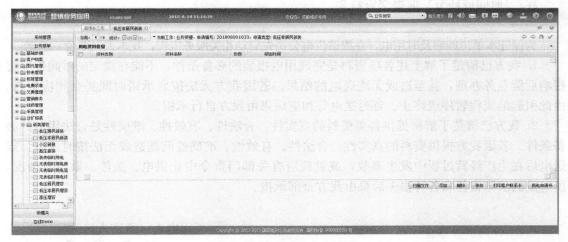

图 1-32 用电资料添加界面

图 1-33 费控用户信息填写界面

业务受理环节线上流程结束，转入后续勘查派工流程。

2）生成用电登记表（见表1-7），打印后交由客户签字确认，并加盖公司鲜章。

表1-6   非居民客户承诺书示例

承诺书
非居民客户承诺书

国网＃＃供电公司：

本人（单位）因××超市需要办理用电申请手续，此次申请用电的地址为××市青羊区精城路55号，申请用电的容量28千伏安（或千瓦）。因××原因，目前暂时只能提供本单位的主体资格证明资料《营业执照》，其他相应的用电申请资料在以下时间点提供：

在现场勘查环节前提交资料1：《房屋产权证明》。

在/（时间或环节）前提交资料2：《＿＿＿＿＿/＿＿＿＿＿》。

……

为保证本单位能够及时用电，在提请供电公司先启动相关服务流程，我本人（单位）承诺：

1. 我方已清楚了解上述各项资料是完成用电报装的必备条件，不能在规定的时间提交将影响后续业务办理，甚至造成无法送电的结果。若因我方无法按照承诺时间提交相应资料，由此引起的流程暂停或终止、延迟送电等相应后果由我方自行承担。

2. 我方已清楚了解所提供各类资料的真实性、合法性、有效性、准确性是合法用电的必备条件。若因我方提供资料的真实性、合法性、有效性、准确性问题造成无法按时送电，或送电后在生产经营过程中发生事故，或被政府有关部门责令中止供电、关停、取缔等情况，所造成的法律责任和各种损失后果由我方全部承担。

用电人（承诺人）：李××

2018年8月×日

表1-7   低压非居民用电登记表示例

低压非居民用电登记表

客户基本信息																
户　名	××超市		户号	系统自动生成												
（证件名称）	营业执照 （证件号码）31010100257××××							（档案标识二维码、系统自动生成）								
用电地址	××市青羊区精城路55号															
通信地址	××市青羊区精城路55号		邮编	××××××												
电子邮箱	××××××@163.com															
法人代表	王××	身份证号	6	2	2	3	2	6	×	×	×	×	×	×	0	0	2	5
固定电话	028-85×××66	移动电话	1	3	6	×	×	×	×	×	6	6	2	8

续表

经办人信息

经办人	李××	身份证号	6	2	2	3	2	6	×	×	×	×	×	×	×	1	7	1	×
固定电话	028-85×××88	移动电话	1	5	8	×	×	×	×	3	7	5	5							

申请事项

业务类型	新装☑　　　增容□　　　临时用电□		
申请容量	28kW	供电方式	低压380V
需要增值税发票	是□　否☑		
增值税 发票资料	增值税户名	纳税地址	联系电话
	/	/	/
	纳税证号	开户银行	银行账号
	/	/	/

告知事项

贵户根据供电可靠性需求，可申请备用电源、自备发电设备或自行采取非电保安措施。

服务确认

特别说明：

　　本人（单位）已对本表信息进行确认并核对无误，同时承诺提供的各项资料真实、合法、有效。

经办人签名（单位盖章）：<u>李××（已盖章）</u>
2018年8月×日

供电企业 填写	受理人：陈××	申请编号：系统自动生成
	受理日期：　　2018年8月×日	

第二章 现场勘查

第一节 高压客户的现场勘查

一、高压客户现场情况介绍

高压现场勘查

×市××汽车配件厂，申请新装一台 500kVA 的专变，其厂房地址位于×市青羊区双顺路 180 号，注册办公地址位于×市青羊区青羊大道 88 号，主要生产汽车零部件及配件，三班制生产，受电变压器型号 S11，箱式变压器。客户的证件信息及联系信息如下。

1. 证件信息

（1）营业执照：51010200010××××。

（2）税务登记证：川地税字第 51012010000××××号。

2. 联系信息

（1）账务联系人：杨××，电话：138×××4586。

（2）停送电联系人：李××，电话：135×××2014。

（3）法人代表：陈××，身份证号：51001019700101××××，电话：136×××
×6688。

（4）经办人：王××，身份证号：51001019750521××××，电话：158×××1717。

3. 地址信息

用电地址：×市青羊区双顺路 180 号。

客户用电设备见表 2 - 1，需用系数为 0.75。

表 2 - 1 客户用电设备

序号	设备名称	型号	容量（千瓦）	数量	总容量（千瓦/千伏安）	负荷等级
1	车床	CA6140	5.5	10	55	三级
2	铣床	XK - 1060	7.5	8	60	三级
3	刨床	B6050G	7.5	6	45	三级
4	镗床	T618	13.5	5	67.5	三级
5	行车	LDA - 30	12.5	2	25	三级
6	淬火炉	RCM - 75 - 9	75	4	300	三级
7	办公照明	—	—	—	18	三级

二、高压现场勘查作业指导

（一）作业前准备

1. 作业要求

（1）应依据客户的申请，并经本工种负责人的指派后，方可组织实施。

（2）应在规定的时限内提前做好到现场进行勘查的准备工作。

（3）现场勘查需各部门联合进行时，应遵循"一口对外"的原则。

2. 作业内容及步骤

（1）现场勘查人员接受工作任务。

（2）核查客户资料的完整性，预先审查、了解所要勘查地点的现场供电条件、配电网结构等。

（3）根据对客户资料初步审查的结果，根据相关规定，采用内部联系的方式，通知会同现场勘查的部门及人员，并告知其需要配合工作内容及事项。

（4）与客户协商、确定现场勘查时间。

（5）打印或填写高压现场勘查单，见表2-2。

表2-2　　　　　　　　　　　　　　　　高压现场勘查单

客户基本信息						
户　　号			申请编号		(档案标识二维码，系统自动生成)	
户　　名						
联系人			联系电话			
客户地址						
申请备注						
意向接电时间					年　　月　　日	
现场勘查人员核定						
申请用电类别			核定情况：是 □　否 □_____			
申请行业分类			核定情况：是 □　否 □_____			
申请用电容量				核定用电容量		
供电电压						
接入点信息	包括电源点信息、线路敷设方式及路径、电气设备相关情况					
受电点信息	包括变压器容量、建设类型、变压器建议类型（杆上/室内/箱变油变/干变）					
计量点信息	包括计量装置安装位置					
备注						

供电简图：

勘查人（签名）		勘查日期		年　　月　　日

3. 行为规范

（1）电话预约时（见图2-1）需表明身份并说明来意。预约现场工作时间、确认地址，应尽量满足客户提出的时间要求。

(2) 提醒客户要准备和配合的事项,并在客户挂断电话后方可挂机。

(3) 携带相关证件,并按国家电网公司要求统一着装、戴安全帽,如图 2-2 所示。

图 2-1 电话预约时间

图 2-2 统一着装、戴安全帽

4. 风险点辨识

(1) 现场勘查前未认真核对相关资料,未及时告知客户应该要补充提供的资料,可能影响业扩报装工作无法顺利进行,影响客户正常用电。

(2) 临时通知其他部门配合勘查或应该配合勘查的部门没有配合工作,可能使得现场勘查工作无法顺利进行,增加重复勘查的可能,影响企业的形象。

(3) 未经预约到客户处开展工作,可能将引发客户的投诉和增加客户不配合工作的可能。

5. 预控措施

(1) 作业人员在接受纸质业务流程时,应再次检查受理资料的完整性,并补齐营业受理时发送的缺件告知单。

(2) 对于客户项目的批准文件没有按照规定提交的,作业人员应通知客户在规定的时限要求内补交相关申请资料,或以"不符合政策"的理由,提交流程审批。

(3) 通知其他部门人员配合工作一般应使用书面联系单,各单位应根据内部的工作分工和职责,事先规定各类客户业扩勘查配合部门的清单及联络人,明确分工和注意事项。

(4) 在保证时限的前提下,预约请客户配合工作,应尽量留足时间供客户选择。

(二) 现场勘查

1. 作业要求

(1) 不得在进行现场勘查时将未经审批的供电方案肯定的答复给客户。

(2) 不得在进行作业时向客户打听与工作无关的商业秘密。

(3) 应遵守"三不指定"等相关规定。不准为客户指定设计单位、施工单位、送货单位。

2. 作业内容及步骤

(1) 调查客户基本情况,包括注册信息、投资情况、用电设备、生产工艺、负荷等级等。经现场勘查,核实该客户用电设备属实,负荷等级为三级。

（2）调查客户受电点情况，包括构筑物、变压器、负荷分布等。经现场勘查，该客户周围电源分布如图2-3所示。

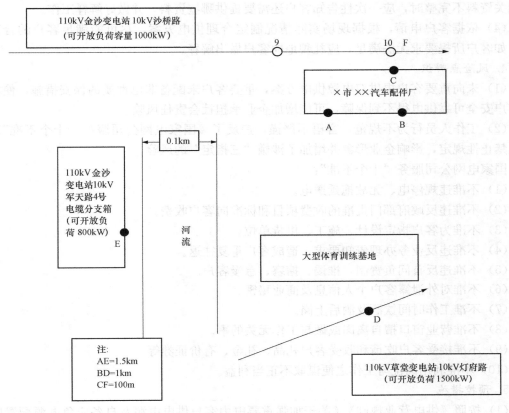

图2-3 高压现场勘查图

（3）客户受电容量和供电电压及供电电源点数量的确定。经现场勘查，核实该客户用电容量为630kVA，应安装1台630kVA变压器，而不是500kVA。单回路单电源交流10kV供电。

（4）电源接入方案的确定，包括接入方式、接入点等。经现场勘查，确定该高压客户采用110kV金沙变电站10kV沙桥路向其供电，敷设方式为架空线路。

（5）计费、计量方案的确定。经现场勘查，确定该高压客户为大工业用电，计量点设在110kV金沙变电站10kV沙桥路10杆塔第一断路器或第一支持物，主表采用高供高计，低压套表采用高供低计。

3．行为规范

（1）客户处勘查，应出示工作证，如图2-4所示。遵守客户的进（出）入制度、遵守客户的保卫保密规定，并不允许对外泄露客户的商业秘密。

（2）勘查人员应按约定时间到达现场，如果迟到应主动向客户致歉。如遇特殊情况，无法按约定时间到达工作现场，应提前告知客户，说明原因，请求客户谅解，并再次约定现

图2-4 工作证

场工作时间。

（3）当客户相关资料与现场不一致时，应再次向客户确认并做好记录，以便更改。如客户相关资料不完整时，应一次性告知客户还需要提供哪些资料，并做好解释工作。

（4）依据客户申请，根据现场实际情况制定合理供电方案，尽可能满足客户的合理要求。如客户所提要求无法满足，应礼貌地向客户做出解释。

4. 风险点辨识

（1）未向重要客户提供双电源供电方案，重要客户未配备非电性质的保安措施，使向重要客户安全可靠供电得不到保障，可能增加企业承担社会责任风险。

（2）工作人员行为不规范，言语不严谨，违反了《国家电网公司服务"十个不准"》和其他禁止性规定，影响企业形象并增加了涉嫌"三指定"的风险。

国家电网公司服务"十个不准"：

（1）不准违规停电、无故拖延送电。

（2）不准违反政府部门批准的收费项目和标准向客户收费。

（3）不准为客户指定设计、施工、供货单位。

（4）不准违反业务办理告知要求，造成客户重复往返。

（5）不准违反首问负责制，推诿、搪塞、怠慢客户。

（6）不准对外泄露客户个人信息及商业秘密。

（7）不准工作时间饮酒及酒后上岗。

（8）不准营业窗口擅自离岗或做与工作无关的事。

（9）不准接受客户吃请和收受客户礼品、礼金、有价证券等。

（10）不准利用岗位与工作之便谋取不正当利益。

5. 预控措施

（1）按照《供电营业规则》《关于加强重要电力客户供电电源及自备应急电源配置监督管理的意见》等规定进行负荷分级和重要客户定性判定。严格按照《国家电网公司业扩供电方案编制导则（施行）》等相关规定来制定供电方案。

（2）在国家电网公司"三个十条"的基础上，结合本单位实际，有针对性地规定行为指南和编制服务忌语录，尽最大可能规避涉嫌"三指定"的风险。

（三）确定勘查意见

1. 作业要求

（1）现场工作单必须经客户签章后方才有效。

（2）现场工作单应内容齐全，并尽量避免出现涂改，涂改处客户联系人应单独签章。

（3）未经批准或正式授权，任何人不得向客户提供书面的供电方案答复的文字资料。

2. 作业内容及步骤

（1）对现场勘查中得到的资料进行整理。

（2）与客户协商、确定初步的供电方案意见建议，并说明此意见应以正式书面答复为准。

（3）完成高压现场勘查单相关内容的填写工作。

（4）请客户在高压现场勘查单上签字。

3. 风险点辨识

（1）未向客户说明，告知注意事项，可能会使客户认为现场确定的方案即为最终方案。当拟定的供电方案最终未通过正式审批时，将可能给客户造成损失，也将影响供电企业的服务形象。

（2）工作单上内容不齐全，有涂改现象，均可能会被认定为涉嫌"三指定"。

（3）工作单上客户没有签章，可能会被认定为无效，导致后续工作无法正常开展，影响客户送电和供电企业的服务形象。

4. 预控措施

（1）现场勘查应至少2人以上进行，如图2-5所示。工作时相互提醒，相互印证。对一些重要的告知事项，应使用专用的告知单，并请客户签收。

（2）工作单应一人填写，另一人复核（审查）并字迹清楚，除必须现场填写的内容外，应尽量采用计算机打印。出现涂改应请客户联系人在涂改处单独签章。

（3）工作单上客户签名各单位应有专门的岗位检查，明确工作单未经客户签名，不得启动供电方案审批程序。

图 2-5　至少 2 人以上进行现场勘查

三、高压现场勘查表单填写

本案例的高压现场勘查表单填写见表 2-3。

表 2-3　　　　　　　　　　高压现场勘察单（示例）

高压现场勘查单

	客 户 基 本 信 息		
户　　号	系统自动生成	申请编号	系统自动生成
户　　名	×市××汽车配件厂		
联系人	李××	联系电话	135×××2014
客户地址	×市青羊区双顺路 180 号		（档案标识二维码，系统自动生成）
申请备注	/		
意向接电时间	××××年××月××日		
现 场 勘 查 人 员 核 定			
申请用电类别	大工业	核定情况：是■　否□_____	
申请行业分类	汽车零部件及配件制造	核定情况：是■　否□_____	
申请用电容量	500kVA	核定用电容量	630kVA
供电电压	单电源单回路交流 10kV		
接入点信息	110kV 金沙变电站 10kV 沙桥路支线向其 630kVA 专变供电，采用架空线路		
受电点信息	××汽车配件厂专变，容量为 630kVA 变压器，受电点建设类型为高压配电房		

续表

计量点信息	计量点设在客户高压配电房高压计量柜内，主表采用高供高计，低压套表采用高供低计
备注	无

供电简图：

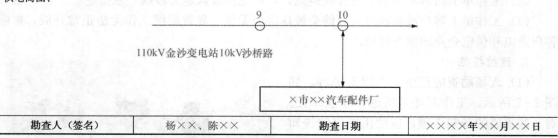

110kV金沙变电站10kV沙桥路

×市××汽车配件厂

勘查人（签名）	杨××、陈××	勘查日期	××××年××月××日

第二节　低压客户的现场勘查

一、低压客户现场情况介绍

低压现场勘查

　　××超市位于×市青羊区精城路55号，占地400m²，主要零售酒、定型包装食品、散装直接入口食品（含乳冷食品）、粮油制品、熟食制品、鲜肉、水产品、禽蛋、蔬菜、干鲜果品、日用百货等。客户的证件信息及联系信息如下。

　　1. 证件信息

　　营业执照：31010100257××××。

　　2. 联系信息

　　（1）账务联系人：张××，电话：136×××8008。

　　（2）停送电联系人：李××，电话：135×××6006。

　　（3）法人代表：王××，身份证号：62232619730610××××，电话：028-8583×××、136×××6628。

　　（4）经办人：李××，身份证号：622326××××××××171×，电话：028-8583××××、158×××3755。

　　3. 地址信息

　　用电地址/通信地址：×市青羊区精城路55号。

　　客户用电设备见表2-4，需用系数为0.8。

表2-4　　　　　　　　　　客户用电设备清单

序号	设备名称	型号	容量（千瓦）	数量	总容量（千瓦/千伏安）	负荷等级
1	空调设备	/	3	5	15	三级
2	冷冻冷藏设备	/	1	5	5	三级
3	照明设备	/	0.03	200	6	三级
4	收银台及电脑设备	/	0.2	5	1	三级
5	其他公共设备	/	12.5	/	8	三级

二、低压现场勘查作业指导

（一）作业前准备

1. 作业要求

（1）应依据客户的申请，并经本工种负责人的指派后，方可组织实施。

（2）应在规定的时限内提前做好到现场进行勘查的准备工作。

（3）现场勘查需各部门联合进行时，应遵循"一口对外"的原则。

2. 作业内容及步骤

（1）现场勘查人员接受工作任务。

（2）核查客户资料的完整性，预先审查、了解所要勘查地点的现场供电条件、配电网结构等。

（3）根据对客户资料初步审查的结果，根据相关规定，采用内部联系的方式，通知会同现场勘查的部门及人员，并告知其需要配合工作内容及事项。

（4）与客户协商、确定现场勘查时间。

（5）打印或填写低压现场勘查单，见表 2-5。

表 2-5　　　　　　　　　　　　　低压现场勘查单

低压现场勘查单

客 户 基 本 信 息				
户　号		申请编号		（档案标识二维码，系统自动生成）
户　名				
联系人		联系电话		
客户地址				
申请备注				

现 场 勘 查 人 员 核 定			
申请用电类别		核定情况：是 □　否 □＿＿＿＿＿	
申请行业分类		核定情况：是 □　否 □＿＿＿＿＿	
申请供电电压		核定供电电压：220√ □　　380√ □	
申请用电容量		核定用电容量	
接入点信息	包括电源点信息、线路敷设方式及路径、电气设备相关情况		
受电点信息	包括受电设施建设类型、主要用电设备特性		
计量点信息	包括计量装置安装位置		
其他			

主要用电设备				
设备名称	型号	数量	总容量（千瓦）	备注

供电简图：

勘查人（签名）		勘查日期	年　　月　　日

3. 行为规范

（1）电话预约时需表明身份并说明来意。预约现场工作时间、确认地址，应尽量满足客户提出的时间要求。

（2）提醒客户要准备和配合的事项，并在客户挂断电话后方可挂机。

（3）携带相关证件，并按国家电网公司要求统一着装、戴安全帽。

4. 风险点辨识

（1）现场勘查前未认真核对相关资料，未及时告知客户应该要补充提供的资料，可能影响业扩报装工作无法顺利进行，影响客户正常用电。

（2）临时通知其他部门配合勘查或应该配合勘查的部门没有配合工作，可能使得现场勘查工作无法顺利进行，增加重复勘查的可能，影响企业的形象。

（3）未经预约到客户处开展工作，可能将引发客户的投诉和增加客户不配合工作的可能。

5. 预控措施

（1）作业人员在接受纸质业务流程时，应再次检查受理资料的完整性，并补齐营业受理时发送的缺件告知单。

（2）对于客户项目的批准文件没有按照规定提交的，作业人员应通知客户在规定的时限要求内补交相关申请资料，或以"不符合政策"的理由，提交流程审批。

（3）通知其他部门人员配合工作一般应使用书面联系单，各单位应根据内部的工作分工和职责，事先规定各类客户业扩勘查配合部门的清单及联络人，明确分工和注意事项。

（4）在保证时限的前提下，请客户配合工作，应尽量留足时间供客户选择。

(二) 现场勘查

1. 作业要求

（1）不得在进行现场勘查时，将未经审批的供电方案肯定的答复给客户。

（2）不得在进行作业时向客户打听与工作无关的商业秘密。

（3）应遵守"三不指定"等相关规定。

2. 作业内容及步骤

（1）调查客户基本情况，包括注册信息、投资情况、用电设备、生产工艺、负荷等级等。经现场勘查，核实该客户用电设备属实，负荷等级为三级。

（2）调查客户受电点情况，包括构筑物、配变（配电变压器）台区、负荷分布等。经现场勘查，该客户周围电源分布如图2-6所示。

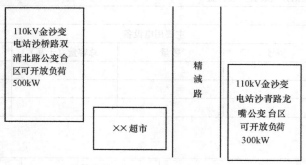

图2-6　低压现场勘查图

（3）客户受电容量和供电电压及供电电源点数量的确定。经现场勘查，确定该低压非居民客户受电容量为 28kW，采用单电源单回路交流 380V 供电。

（4）电源接入方案的确定，包括接入方式、接入点等。经现场勘查，确定该低压非居民客户由 110kV 金沙变电站沙桥路双清北路公变台区向其供电，敷设方式为架空线路。

（5）计费、计量方案的确定。经现场勘查，确定该低压非居民客户计量点设在 110kV 金沙变电站沙桥路双清北路公变（公用变压器，简称公变）台区 05 表箱。计量方式为低供低计。

3. 行为规范

（1）客户处勘查应出示工作证，遵守客户的进（出）入制度、遵守客户的保卫保密规定，并不准对外泄露客户的商业秘密。

（2）勘查人员应按约定时间到达现场，如果迟到应主动向客户致歉。如遇特殊情况，无法按约定时间到达工作现场，应提前告知客户，说明原因，请求客户谅解，并再次约定现场工作时间。

（3）当客户相关资料与现场不一致时，应再次向客户确认并做好记录，以便更改。如客户相关资料不完整时，应一次性告知客户还需要提供哪些资料，并做好解释工作。

（4）依据客户申请，根据现场实际情况制定合理供电方案，尽可能满足客户的合理要求。如客户所提要求无法满足，应礼貌地向客户做出解释。

4. 风险点辨识

（1）未仔细核对客户申请资料与现场实际用电需求，将可能导致后续制定的供电方案不能满足客户实际用电需求，导致客户投诉。

（2）工作人员行为不规范，言语不严谨，违反了《国家电网公司服务"十个不准"》和其他禁止性规定，影响企业形象并增加了涉嫌"三指定"的风险。

5. 预控措施

（1）现场勘查应仔细核对客户申请资料与现场实际用电需求，充分考虑客户用电发展余度。针对工作质量加大考核监督力度，列入经济责任制考核。

（2）在国家电网公司"三个十条"的基础上，结合本单位实际，有针对性地规定行为指南和编制服务忌语录，尽最大可能规避涉嫌"三指定"的风险。

（三）确定勘查意见

1. 作业要求

（1）现场工作单必须经客户签章后方才有效。

（2）现场工作单应内容齐全，并尽量避免出现涂改，涂改处客户联系人应单独签章。

（3）未经批准或正式授权，任何人不得向客户提供书面的供电方案答复的文字资料。

2. 作业内容及步骤

（1）对现场勘查中得到的资料进行整理。

（2）与客户协商、确定初步的供电方案意见建议，并说明此意见应以正式书面答复为准。

（3）完成低压现场勘查单相关内容的填写工作。

（4）请客户在低压现场勘查单上签字。

3. 风险点辨识

（1）未向客户说明，告知注意事项，可能会使客户认为现场确定的方案即为最终方案。当拟定的供电方案最终未通过正式审批时，将可能给客户造成损失，也将影响供电企业的服务形象。

（2）工作单上内容不齐全，有涂改现象，均可能会被认定为涉嫌"三指定"。

（3）工作单上客户没有签章，可能会被认定为无效，导致后续工作无法正常开展，影响客户送电和供电企业的服务形象。

4. 预控措施

（1）现场勘查应至少2人以上进行，工作时相互提醒，相互印证。对一些重要的告知事项，应使用专用的告知单，并请客户签收。

（2）工作单应一人填写，另一人复核（审查）并字迹清楚，除必须现场填写的内容外，应尽量采用计算机打印。出现涂改，应请客户联系人在涂改处单独签章。

（3）工作单上客户签名应有专门的岗位检查，明确工作单未经客户签名，不得启动供电方案审批程序。

三、低压现场勘查表单填写

本书低压案例现场勘查表单填写见表2-6。

表2-6　　　　　　　　　　　低压现场勘查单示例

低压现场勘查单

客户基本信息			
户号	系统自动生成	申请编号	系统自动生成
户名	××超市		（档案标识二维码，系统自动生成）
联系人	李××	联系电话 158×××3755	
客户地址	×市青羊区精城路55号		
申请备注	无		

现场勘查人员核定		
申请用电类别	商业用电	核定情况：是■ 否□ /
申请行业分类	零售	核定情况：是■ 否□ /
申请供电电压	380V	核定供电电压：220V□ 380V■
申请用电容量	28kW	核定用电容量 28kW
接入点信息	110kV金沙变电站沙桥路双清北路公变台区	
受电点信息	××超市	
计量点信息	110kV金沙变电站沙桥路双清北路公变台区05表箱，计量方式为低供低计	
其他	/	

续表

主要用电设备				
设备名称	型号	数量	总容量（千瓦）	备注
空调设备	/	5 台	15	需用系数 0.8
冷冻冷藏设备	/	5 台	5	需用系数 0.8
照明设备	/	20 个	6	需用系数 0.8
收银台及电脑设备	/	5 台	1	需用系数 0.8
其他	/	/	8	需用系数 0.8

供电简图：

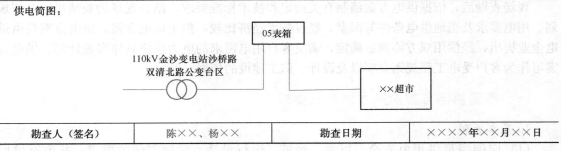

勘查人（签名）	陈××、杨××	勘查日期	××××年××月××日

第三章 供电方案的制定

现场查勘后，依据供电方案编制有关规定和技术标准要求，结合现场勘查结果、电网规划、用电需求及当地供电条件等因素，经过技术经济比较，拟定供电方案。供电方案是由供电企业提出，经供用双方协商后确定，满足客户用电需求的电力供应具体实施计划。供电方案可作为客户受电工程规划立项以及设计、施工建设的依据。

一、确定供电方案的基本原则及要求

1. 基本原则

（1）应能满足供用电安全、可靠、经济、运行灵活、管理方便的要求，并留有发展余度。

（2）符合电网建设、改造和发展规划要求；满足客户近期、远期对电力的需求，具有最佳的综合经济效益。

（3）具有满足客户需求的供电可靠性及合格的电能质量。

（4）符合相关国家标准、电力行业技术标准和规程，以及技术装备先进要求，并应对多种供电方案进行技术经济比较，确定最佳方案。

2. 基本要求

（1）根据电网条件以及客户的用电容量、用电性质、用电时间、用电负荷重要程度等因素，确定供电方式和受电方式。

（2）根据重要客户的分级确定供电电源及数量、自备应急电源及非电性质的保安措施配置要求。

（3）根据确定的供电方式及国家电价政策确定电能计量方式、用电信息采集终端安装方案。

（4）根据客户的用电性质和国家电价政策确定计费方案。

（5）客户自备应急电源及非电性质保安措施的配置、谐波负序治理的措施应与受电工程同步设计、同步建设、同步验收、同步投运。

（6）对有受电工程的，应按照产权分界划分的原则，确定双方工程建设出资界面。

二、供电方案的内容

1. 供电方案的基本内容

方案包含客户用电申请概况、接入系统方案、受电系统方案、计量计费方案、其他事项等5部分内容：

（1）用电申请概况。用电申请概况包括户名、用电地址、用电容量、行业分类、负荷特性及分级、保安负荷容量、电力用户重要性等级。

（2）接入系统方案。接入系统方案包括各路供电电源的接入点、供电电压、频率、供电容量、电源进线敷设方式、技术要求、投资界面及产权分界点、分界点开关等接入工程主要设施或装置的核心技术要求。

（3）受电系统方案。受电系统方案包括用户电气主接线及运行方式，受电装置容量及电气参数配置要求；无功补偿配置、自备应急电源及非电性质保安措施配置要求；谐波治理、调度通信、继电保护及自动化装置要求；配电站房选址要求；变压器，进线柜，保护等一、二次主要设备或装置的核心技术要求。

（4）计量计费方案。计量计费方案包括计量点的设置、计量方式、用电信息采集终端安装方案，计量柜（箱）等计量装置的核心技术要求；用电类别、电价说明、功率因数考核办法、线路或变压器损耗分摊办法。

（5）其他事项。其他事项应有客户应按照规定交纳业务费用及收费依据，供电方案有效期，供用电双方的责任义务，特别是取消设计文件审查和中间检查后，用电人应履行的义务和承担的责任（包括自行组织设计、施工的注意事项，竣工验收的要求等内容），其他需说明的事宜及后续环节办理有关告知事项。对于具有非线性、不对称、冲击性负荷等可能影响供电质量或电网安全运行的客户，应书面告知其委托有资质单位开展电能质量评估，并在设计文件审查时提交初步治理技术方案。

2. 供电方案的有效期

高压供电方案有效期 1 年，低压供电方案有效期 3 个月。若需变更供电方案，应履行相关审查程序，其中，对于客户需求变化造成供电方案变更的，应书面告知客户重新办理用电申请手续；对于电网原因造成供电方案变更的，应与客户沟通协商，重新确定供电方案后答复客户。

3. 供电方案的答复期限

供电方案答复期限：居民客户不超过 3 个工作日，低压电力客户不超过 7 个工作日，高压单电源客户不超过 15 个工作日，高压双电源客户不超过 30 个工作日。

第一节　高压供电方案的制定

一、高压供电客户供电方案的基本内容

高压供电客户的供电方案包括：
（1）客户基本用电信息有户名、用电地址、行业、用电性质、负荷分级，核定的用电容量，拟定的客户分级。
（2）供电电源及每路进线的供电容量。
（3）供电电压等级，供电线路及敷设方式要求。
（4）客户电气主接线及运行方式，主要受电装置的容量及电气参数配置要求。
（5）计量点的设置、计量方式、计费方案，用电信息采集终端安装方案。
（6）无功补偿标准、应急电源及保安措施配置，谐波治理、继电保护、调度通信要求。
（7）受电工程建设投资界面。

（8）供电方案的有效期。

（9）其他需说明的事宜。

二、客户基本用电信息

1. 信息核对及确定

客户基本用电信息包括户名、用电地址、行业、用电性质、负荷分级，核定的用电容量，拟定的客户分级。

客户的户名、用电地址应和其提交的业务办理资料的名称保持一致，应仔细核对。同时根据客户现场查勘结果核定行业、用电性质、用电容量。

2. 负荷分级

按照《民用建筑电气设计规范》（JGJ16—2008）规定，用电负荷应根据供电可靠性及中断供电所造成的损失或影响的程度，分为一级负荷、二级负荷及三级负荷。各级负荷应符合下列规定。

（1）符合下列情况之一时，应为一级负荷：

1）中断供电将造成人身伤亡。

2）中断供电将造成重大影响或重大损失。

3）中断供电将破坏有重大影响的用电单位的正常工作，或造成公共场所秩序严重混乱。例如：重要通信枢纽、重要交通枢纽、重要的经济信息中心、特级或甲级体育建筑、国宾馆、承担重大国事活动的会堂、经常用于重要国际活动的大量人员集中的公共场所等的重要用电负荷。

在一级负荷中，当中断供电将发生中毒、爆炸和火灾等情况的负荷，以及特别重要场所的不允许中断供电的负荷，应为特别重要的负荷。

（2）符合下列情况之一时，应为二级负荷：

1）中断供电将造成较大影响或损失。

2）中断供电将影响重要用电单位的正常工作或造成公共场所秩序混乱。

（3）不属于一级和二级的用电负荷应为三级负荷。

3. 电力客户分级

（1）重要电力客户的界定。重要电力客户是指在国家或一个地区（城市）的社会、政治、经济生活中占有重要地位，对其中断供电将可能造成人身伤亡、较大环境污染、较大政治影响、较大经济损失、社会公共秩序严重混乱的用电单位或对供电可靠性有特殊要求的用电场所。

重要电力客户认定一般由各级供电企业或电力客户提出，经当地政府有关部门批准。

（2）重要电力客户的分级。根据对供电可靠性的要求以及中断供电危害程度，重要电力客户可以分为特级、一级、二级重要电力客户和临时性重要电力客户。

1）特级重要电力客户是指在管理国家事务中具有特别重要作用，中断供电将可能危害国家安全的电力客户。

2）一级重要电力客户是指中断供电将可能产生下列后果之一的电力客户：①直接引发人身伤亡的；②造成严重环境污染的；③发生中毒、爆炸或火灾的；④造成重大政治影响的；⑤造成重大经济损失的；⑥造成较大范围社会公共秩序严重混乱的。

3）二级重要客户是指中断供电将可能产生下列后果之一的电力客户：①造成较大环境污染的；②造成较大政治影响的；③造成较大经济损失的；④造成一定范围社会公共秩序严重混乱的。

4）临时性重要电力客户是指需要临时特殊供电保障的电力客户。

（3）普通电力客户的界定。除重要电力客户以外的其他客户，统称为普通电力客户。

【案例分析】

经核对，　　该用户户名：××市××汽车配件厂。

用电地址：××市青羊区双顺路 180 号。

用电性质：大工业。

行业分类：汽车零部件及配件制造。

负荷分级：该用户不适于于一、二级负荷的范畴，为三级负荷。

客户分级：该用户为普通电力客户。

三、用电容量及供电电压等级的确定

1. 用电容量的确定

综合考虑客户申请容量、用电设备总容量，并结合生产特性兼顾主要用电设备同时率、同时系数等因素后确定。

高压供电客户在满足近期生产需要的前提下，客户受电变压器应保留合理的备用容量，为发展生产留有余地。在保证受电变压器不超载和安全运行的前提下，应同时考虑减少电网的无功损耗。一般客户的计算负荷宜等于变压器额定容量的 70%～75%。

在实际工作中，先计算出客户的计算负荷，再折算出变压器额定容量。客户的计算负荷是一个假想的持续负荷，其热效应与同一时间内实际变动负荷所产生的最大热效应相等。

计算负荷与其用电申请负荷、需要系数有关。需要系数是用电设备组实际所需要的功率与额定负载时所需的功率的比值，它与同时系数、负荷系数及设备使用效率有关。同时系数是指企业在最大负荷时工作着的用电设备总容量与全厂用电设备总装容量的比值；负荷系数是指企业在最大负荷时工作着的用电设备实际所需要的功率/这些设备铭牌容量总和的比值；设备使用效率是指设备输出功率与输入功率的比值，是用电设备的参数之一。设需要系数为 k、同时系数为 k_0、负荷系数为 k_1、设备使用效率为 η，它们对应的计算关系如式（3-1）

$$k = k_0 \times k_1 \div \eta \tag{3-1}$$

如果同时系数和负荷系数难以获得，也可通过表 3-1 查出一些常用的设备需要系数。

表 3-1　　　　　　　　　常用电气设备的需要系数和自然功率因数

设备名称	需要系数	自然功率因数	设备名称	需要系数	自然功率因数
宾馆总照明	0.35～0.45	0.85	实验室及实习工厂	0.10～0.20	0.70～0.80
冷冻机房	0.65～0.75	0.80	绞肉机、磨碎机	0.70	0.80
锅炉房	0.65～0.75	0.75	医院（卫生所）电力	0.40～0.50	0.80
给、排水	0.80	0.85	金工、装配、修理用起重机	0.05～0.15	0.50
厨房电力	0.50～0.70	0.80	重型工作起动机	0.25～0.35	

设备名称	需要系数	自然功率因数	设备名称	需要系数	自然功率因数
洗衣机房电力	0.65～0.75	0.50	小容量试验设备	0.10～0.25	0.20
窗式空调	0.70～0.80	0.80	电焊机	0.35	0.6～0.7
卫生通风机	0.65～0.70	0.80	单头焊接变压器	0.35	0.35
生产通风机	0.75～0.85	0.80～0.85	多头焊接变压器	0.40	0.35
电梯	0.60	0.70	混凝土及砂浆搅拌机	0.65～0.70	0.65
干烤箱、加热器	0.40～0.60	1	破碎机、筛、泥浆机、砾石洗涤机	0.70	0.70
红外干燥设备	0.85～0.90	1	施工用起重机、挖土机、升降机	0.25	0.70

已知客户用电申请总负荷为 $\sum P$，计算负荷为 P_j 如式（3-2）所示

$$P_j = k \sum P \tag{3-2}$$

视在容量为 S 如式（3-3）所示

$$S = P_j / \cos\varphi \tag{3-3}$$

式中：$\cos\varphi$ 为用户应达到的功率因数。

最终确定变压器容量 S_b 如式（3-4）所示

$$S_b = S / (70\% \sim 75\%) \tag{3-4}$$

变压器的标准容量有：10、30、50、63、80、100、125、160、200、250、315、400、500、630、800、1000、1250、1600、2000、2500、3150、4000、5000、6300、8000、10000kVA。按照靠近取小的原则选取。

变压器按照冷却方式可分为：油浸式变压器、干式变压器、箱式变压器等。

油浸式变压器如图3-1所示。优点是变压器油绝缘性能好、导热性能好，同时变压器油廉价；能够解决变压器大容量散热问题和高电压绝缘问题。缺点是变压器油具有可燃性，当

图3-1 油浸式变压器

遇到火焰时可能会燃烧、爆炸；变压器油对人体有害；变压器油需定期检查；油浸式变压器密封性能不良且宜老化，在运行场所渗漏油严重，影响设备安全运行，同时影响环境；油浸式变压器绝缘等级低，按A级绝缘设计、制造。

干式变压器是指铁芯和绕组不浸渍在绝缘油中的变压器，如图3-2所示。与油浸式变压器相比较，干式变压器的防火性能更好，多用于对于防火要求较高的场所，如医院、机场、车站等场所，但相对来说价格更高，对环境也有一定的要求，比如不能太潮湿、不能有太多的灰尘和污秽等。另外，干式变压器的运行成熟度不如油浸式变压器。

图3-2 干式变压器

箱式变压器（以下简称"箱变"，见图 3-3）将传统变压器集中设计在箱式壳体中，具有体积小、重量轻、低噪声、低损耗、高可靠性的优点，广泛应用于住宅小区、商业中心、轻轨站、机场、厂矿、企业、医院、学校等场所。箱式变压器并不只是变压器，它相当于一个小型变电站，属于配电站，直接向用户提供电源。它包括高压室，变压器室，低压室；高压室是电源侧，一般是 35kV 或 10kV 进线，包括高压母排、断路器或熔断器、电压互感器、避雷器等，变压器室里都是

图 3-3　箱式变压器

变压器，是箱变的主要设备，低压室里面有低压母排、低压断路器、计量装置、避雷器等，从低压母排上引出线路对用户供电。

对于用电季节性较强、负荷分散性大的客户，可通过增加受电变压器台数、降低单台容量来提高运行的灵活性，解决淡季和低谷负荷期间因变压器轻负载导致损耗过大的问题。

【案例解析】

需要系数为 $k=0.75$

客户申请总负荷为

$$\sum P = 5.5 \times 10 + 7.5 \times 8 + 7.5 \times 6 + 13.5 \times 5 + 12.5 \times 2 + 75 \times 4 + 18 = 570.5 (\text{kW})$$

计算负荷为 $P_j = k \sum P = 0.75 \times 570.5 = 427.88 (\text{kW})$

视在容量为 $S = P_j / \cos\varphi = 427.88/0.9 = 475.42 (\text{kVA})$（$\cos\varphi$ 为用户应达到的功率因数，此处应取 0.9）

变压器容量为 $S_b = S/0.75 = 475.42/0.75 = 633.89 (\text{kVA})$

按照靠近取小原则，选择容量为 630kVA 的箱变。

2. 供电电压等级的确定

高压供电的额定电压有 10、35（66）、110、220kV。客户需要的供电电压等级在 110kV 及以上时，其受电装置应作为终端变电站设计。

客户的供电电压等级应根据当地电网条件、客户分级、用电最大需量或受电设备总容量，经过技术经济比较后确定。除有特殊需要，供电电压等级一般可参照表 3-2 确定。

表 3-2　　　　　　　　　　　客户供电电压等级的确定

供电电压等级	用电设备容量	受电变压器总容量
220V	10kW 及以下单相设备	—
380V	100kW 及以下	50kVA 及以下
10kV	—	50kVA 至 10MVA
35kV	—	5MVA 至 40MVA
66kV	—	15MVA 至 40MVA
110kV	—	20MVA 至 100MVA
220kV	—	100MVA 及以上

注　1. 无 35kV 电压等级的，10kV 电压等级受电变压器总容量为 50kVA 至 15MVA。
　　2. 供电半径超过本级电压规定时，可按高一级电压供电。

10kV 及以上电压等级供电的客户，当单回路电源线路容量不满足负荷需求且附近无上一级电压等级供电时，可合理增加供电回路数，采用多回路供电。

【案例解析】

根据表 3-2，用户容量为 630kVA，选定供电电压等级为 10kV。

3. 供电电压等级与供电距离的关系

不同电压等级供电距离的一般规定为，低压：农村 0.5km，城市 0.25km；10kV：15km；35kV：40km。具体见表 3-3。

表 3-3　　　　各级供电电压与输送容量、输送距离之间的关系

额定电压	0.38kV	10kV	35kV	110kV	220kV
输送容量（MW）	0.1	0.2～2.0	2.0～10	10～50	100～300
输送距离（km）	0.6	0.6～20	20～50	50～150	100～200

【案例解析】

根据表 3-3，10kV 供电电压对应的有效输送距离为 0.6～20km。

四、供电电源及自备应急电源配置

1. 供电电源的概念

主供电源是指能够正常有效且连续为全部用电负荷提供电力的电源。

备用电源是指根据客户在安全、业务和生产上对供电可靠性的实际需求，在主供电源发生故障或断电时，能够有效且连续为全部或部分负荷提供电力的电源。

自备应急电源是指由客户自行配备的，在正常供电电源全部发生中断的情况下，能够至少满足对客户保安负荷不间断供电的独立电源。

双电源是指由两个独立的供电线路向同一个用电负荷实施的供电。这两条供电线路是由两个电源供电，即由来自两个不同方向的变电站或来自具有两回及以上进线的同一变电站内两段不同母线分别提供的电源。

双回路是指为同一用电负荷供电的两回供电线路。

2. 供电电源配置的一般原则

供电电源应依据客户分级、用电性质、用电容量、生产特性以及当地供电条件等因素，经过技术经济比较、与客户协商后确定。具体可参照：

1）特级重要电力客户应具备三路及以上电源供电条件，其中的两路电源应来自两个不同的变电站，当任何两路电源发生故障时，第三路电源能保证独立正常供电。

2）一级重要电力客户应采用双电源供电。

3）二级重要电力客户应采用双电源或双回路供电。

4）临时性重要电力客户按照用电负荷重要性，在条件允许情况下，可以通过临时架线等方式满足双电源或多电源供电要求。

5）对普通电力客户可采用单电源供电。

6）双电源、多电源供电时宜采用同一电压等级电源供电，供电电源的切换时间和切换方式要满足重要电力客户允许中断供电时间的要求。

【案例解析】

该用户为普通电力用户，没有特殊供电要求，选择单电源单回路供电方式。

3. 供电线路的确定及敷设方式

（1）敷设方式。根据客户分级和城乡发展规划，选择采用架空线路、电缆线路或架空—电缆线路供电。高压供电常用的架空线路有铝绞线（LJ）、钢芯铝绞线（LGJ）、轻型钢芯铝绞线（LGJQ）、加强型钢芯铝绞线（LGJJ）、铜绞线（TJ）；高压电缆型号有铝芯电缆（YJLV）、铜芯电缆（YJV）。

电缆的敷设方式有电缆直埋、电缆沟敷设、电缆隧道敷设、电缆排管敷设、电缆架空敷设，如图3-4所示。

图3-4 电缆的敷设方式

（a）电缆直埋；（b）电缆沟敷设；（c）电缆隧道敷设；（d）电缆排管敷设；（e）电缆架空敷设

1）电缆直埋方式是指将电缆直接埋设于地面下的敷设方式，适用于电缆线路不太密集的城市地下走廊，多在次干道和支路上采用，特别是地下无障碍、电缆根数较少、郊区、车辆通行不太频繁的地方。直埋敷设电缆同路径条数一般不超过6条。

2）电缆沟敷设是指将电缆敷设于预先建好的电缆沟中的安装方式，适用于地面载重负荷较轻的电缆线路路径，主要使用在主干道上或发电厂、变配电站及一般工矿企业的生产装置内。

3）电缆隧道敷设是指将电缆敷设于地下隧道中的电缆安装方式，适用于地下水位低的环境、电厂或变电站进出线通道、配电电缆较集中的电力主干线、电缆并列在 20 根以上的城市重要道路以及有多回路高压电缆从同一地段跨越内河等场所。

4）电缆排管敷设是指将电缆敷设于预先建好的地下排管中的安装方式，适用于在市区街道敷设多条电缆、不宜建设电缆沟或电缆隧道的情况。排管敷设电缆同路径条数一般以 6～20 条为宜。

5）电缆架空敷设适用于工矿企业内部排水沟和地下水多、土壤带腐蚀性物质的环境。

变电站（配电室）的进线可以根据周围环境选择架空线路或电缆作为进线方式。变电站（配电室）四周没有建筑物阻挡，可以采用架空线路经穿墙套管进入，也可以采用电缆进入变电站（配电室），变电站（配电室）四周有妨碍架空线路的建筑物时，应采用电缆进入。

变电站（配电室）出线方式宜采用电缆。由于厂区内建筑物比较集中，再加上厂区内进行的绿化，对架空线路的安全运行造成威胁，所以变电站（配电室）出线方式不适宜采用架空线路。如客户有特殊要求，需要采用架空线路出线时，必须消除安全隐患。

（2）架空线路和电缆的选型。通过架空线路或电缆供电，需要按经济电流密度确定导线横截面积。导线截面积影响线路投资和电能损耗，为了节省投资，要求导线截面积小些；为了降低电能损耗，要求导线截面积大些。综合考虑，确定一个比较合理的导线截面积，称为经济截面积，与其对应的电流密度称为经济电流密度。

计算时需要先计算出计算负荷电流 I_j，它与式（3-3）中的客户计算视在容量 S、供电电压 U 有关，计算公式见式（3-5）

$$I_j = \frac{S}{\sqrt{3}U} \tag{3-5}$$

按年最大负荷利用时间（小时数），导线的经济电流密度见表 3-4。

表 3-4 导线的经济电流密度 （A/mm²）

导线材料	年最大负荷利用小时数 T_{max}		
	3000h 以下	3000～5000h	5000h 以上
铝线、钢芯铝绞线	1.65	1.15	0.9
铜线	3.00	2.25	1.75
铝芯电缆	1.92	1.73	1.54
铜芯电缆	2.50	2.25	2.00

设导线的经济电流密度为 J，导线截面积 s 的计算公式如式（3-6）

$$s = I_j / J \tag{3-6}$$

计算出的截面积按照以下标准进行确定，应按靠近取大的原则选取。

导线标准截面积有：10、16、25、35、50、70、95、120、150、185、240、300mm²。

【案例解析】

该用户采用架空线路接入，选取钢芯铝绞线（LGJ）。

其年最大负荷利用小时数为 3500，根据表 3-4，导线的经济电流密度 $J=1.15A/mm²$，负荷电流为

$$I_j = \frac{S}{\sqrt{3}U} = \frac{475.42}{\sqrt{3} \times 10} \approx 27.45(\text{A})$$

$$s = I_j/J = 27.45/1.15 = 23.87(\text{mm}^2)$$

按照靠近取大原则，选择导线截面积为 25mm^2。

4. 供电电源点确定的一般原则

电源点应具备足够的供电能力，能提供合格的电能质量，满足客户的用电需求，保证接电后电网安全运行和客户用电安全。

对多个可选的电源点，应进行技术经济比较后确定。

根据客户分级和用电需求，确定电源点的回路数和种类。根据城市地形、地貌和城市道路规划要求，就近选择电源点。路径短捷顺直，减少与道路交叉，避免近电远供、迂回供电。

【案例解析】

根据现场查勘情况，有三个电源点可供选择：110kV 金沙变电站 10kV 沙桥路（可开放负荷容量 1000kW），距离用户受电点 100m；110kV 金沙变电站 10kV 军天路 4 号电缆分支箱（可开放负荷 800kW），距离用户受电点 1.5km，跨河流；110kV 草堂变电站 10kV 灯府路（可开放负荷 1500kW），距离用户受电点 1.0km。各电源点可开放负荷容量均满足要求，因此选择距离用户受电点最近的电源点，即 110kV 金沙变电站 10kV 沙桥路。同时，100m 小于 10kV 供电半径，因此能够满足 10kV 供电距离要求。

5. 产权分界点

《供电营业规则》第 47 条对产权分界处的规定：

（1）公用低压线路供电的，以供电接户线用户端最后支持物为分界点，支持物属供电企业。

（2）10kV 及以下公用高压线路供电的，以用户厂界外或配电室前的第一断路器或第一支持物为分界点，第一断路器或第一支持物属供电企业。

（3）35kV 及以上公用高压线路供电的，以用户厂界外或用户变电站外第一基电杆为分界点。第一基电杆属供电企业。

（4）采用电缆供电的，本着便于维护管理的原则，分界点由供电企业与用户协商确定。

（5）产权属于用户且由用户运行维护的线路，以公用线路分支杆或专用线路接引的公用变电站外第一基电杆为分界点，专用线路第一基电杆属用户。

在电气上的具体分界点，由供用双方协商确定。

（1）高压专线用户。

1）对于采用专用架空线路供电的高压用户，以电源变电站的出线架构为分界点。分界点电源侧供电设施（含架构、引下线）由供电企业投资建设，负荷侧供电设施由用户建设投资，其示意图如图 3-5 所示。

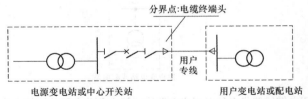

图 3-5　采用专用架空线路供电的以电源变电站的出线架构为分界点

2）对于采用专用电缆线路供电的用户，以电源变电站电缆线路的终端头为分界点。分界点电源侧供电设施由供电企业投资建设，负荷侧供电设施（包括电缆头）由用户投资建设，其示意图如图 3-6 所示。

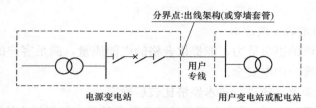

图 3-6　采用专用电缆线路供电的以电源变电站侧电缆线路的终端头为分界点

（2）高压非专线用户。

1）对于用架空线路供电的高压用户，以用户电源线路接入公共电网的连接点（架空线路 T 接点）为投资分界点。分界点电网侧设施（包括 T 接装置）由供电企业投资，分界点用户侧设施由用户投资，其示意图如图 3-7 所示。

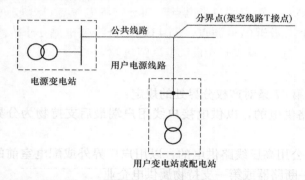

图 3-7　采用架空线路供电的以用户电源线路接入公共电网的连接点为投资分界点

2）对于采用电缆线路供电的高压用户，以用户电源线路接入公共电网的连接点（T 接电缆终端头等）为投资分界点。分界点电网侧设施（包括 T 接装置）由供电企业投资，分界点用户侧设施（包括电缆终端头）由用户投资，其示意图如图 3-8 所示。

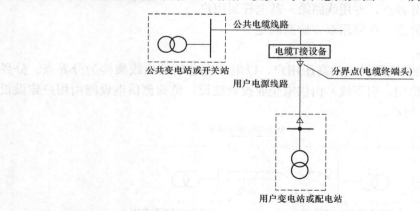

图 3-8　采用电缆线路供电的以用户电源线路接入公共电网的连接点为投资分界点

在供电方案上需要分别填写每个电源的产权分界点。例如：

（1）架空专线供电写"××变电站××线路××开关柜××号刀闸静触头处，静触头属于供电人"。

（2）公用线路写"××变电站公用××线路，搭头杆××号 T 接点向用电人负荷侧 20cm 处，T 接点属供电人"。

（3）穿线套管，则写成"穿线套管外侧接点处"。

（4）公用环网柜写"环网柜××（某某）出线电缆头"。

【案例解析】

该案例，产权分界点应为 110kV 金沙变电站 10kV 沙桥路支线 10 号杆塔，T 接点向负荷侧 20cm 处。

6. 自备应急电源配置的一般原则

重要电力客户应配变自备应急电源及非电性质的保安措施，满足保安负荷应急供电需要。对临时性重要电力客户可以租用应急发电车（机）满足保安负荷供电要求。

自备应急电源配置容量应至少满足全部保安负荷正常供电的需要。有条件的可设置专用应急母线。自备应急电源的切换时间、切换方式、允许停电持续时间和电能质量应满足客户安全要求。

保安负荷是指用于保障用电场所人身与财产安全所需的电力负荷。

一般认为，断电后会造成下列后果之一的，为保安负荷：

（1）直接引发人身伤亡的。

（2）使有毒、有害物溢出，造成环境大面积污染的。

（3）将引起爆炸或火灾的。

（4）将引起重大生产设备损坏的。

（5）将引起较大范围社会秩序混乱或在政治上产生严重影响的。

自备应急电源与电网电源之间应装设可靠的电气或机械闭锁装置，防止倒送电。

对于环保、防火、防爆等有特殊要求的用电场所，应选用满足相应要求的自备应急电源。

【案例解析】

该用户为普通电力用户，不需要配备自备电源。

五、客户受电方式

1. 受电方式的分类

客户受电方式分为台区、简易箱式变电站、组合箱式变电站、简易变电站（配电室）、变电站（配电室）。

（1）简易箱式变电站指箱式变电站内部安装高压断路器（或开关），电源电缆不经箱式变电站内任何高压设备直接接引至变压器一次侧的箱式变电站。

（2）组合箱式变电站指箱式变电站内安装高压断路器（或开关）等高压设备的箱式变电站。

（3）简易变电站（配电室）是指变电站（配电室）内不安装高压断路器（或开关），电源电缆不经变电站（配电室）内任何高压设备直接接引至变压器一次侧的变电站（配电室）。

2. 受电方式的选择

可根据地域、社会经济发展程度以及各地的习惯，确定采用哪一种受电方式。可参考下述原则：

（1）客户用电容量在 315kVA 及以下者，一般新建工业台区，但变压器安装在：①城区供电的城市范围内；②县区供电的城镇范围内，同时影响城镇美观的；③四周距建筑物太近，严重影响人身安全和安全用电时，原则上应新建简易箱式变电站或箱式变电站。

（2）客户用电容量在 315kVA 及以上至 500kVA 以下者，一般新建简易箱式变电站或简易变电站（配电室），如客户有特殊要求也可新建组合箱式变电站或变电站（配电室）。

（3）客户用电容量在 500kVA 及以上至 800kVA 及以下者，一般新建组合箱式变电站，如客户有特殊要求也可新建变电站（配电室）。容量达到 630kVA 时，客户侧应安装过电流保护和速断保护装置；容量达到 800kVA 时，客户侧应安装过电流保护、速断保护、温控保护和气体（瓦斯）保护装置等。

（4）客户用电容量在 800kVA 以上者，应新建变电站（配电室），如确因客户地方特别小，无法新建变电站（配电室）时，可考虑新建组合箱式变电站，但设置的各种保护装置不能减少。

（5）临时用电的客户在保证运行安全、计量合理准确、电价执行正确的基础上，选择最经济的方式，可以不受正式供电方案的限制。

【案例解析】

该案例客户的用电容量为 630kVA，受电方式宜选择新建组合箱式变电站，但根据现场勘查情况，客户受电方式选择为新建配电房，同时应在用户侧安装过电流保护和速断保护装置。

六、电气主接线及运行方式的确定

1. 确定电气主接线的一般原则

根据进出线回路数、设备特点及负荷性质等条件确定。满足供电可靠、运行灵活、操作检修方便、节约投资和便于扩建等要求。在满足可靠性要求的条件下，宜减少电压等级和简化接线等。

2. 电气主接线的主要形式

主要形式有单母线、单母线分段、双母线、线路变压器组、桥形接线。

（1）单母线接线。单母线接线示意图如图 3-9 所示。特点是整个配电装置只有一组母线，每个电源线和引出线都经过开关电器接到同一组母线上。

（2）单母线分段接线。为了克服一般单母线接线存在的缺点，提高它的供电可靠性和灵活性，把单母线分成几段，在每段母线之间装设一个分段断路器和两个隔离开关。每段母线上均接有电源和出线回路，便成为单母线分段接线。单母线分段接线示意图如图 3-10 所示。

（3）双母线接线。双母线的两组母线同时工作，并通过母线联络断路器并联运行，电源与负荷平均分配在两组母线上。由于母线继电保护的要求，一般某一回路固定于某一组母线连接，以固定连接的方式运行。双母线接线示意图如图 3-11 所示。

（4）线路变压器组接线。线路变压器组接线是一种最简单的接线方式，其特点是设备少、投资省、操作简便、宜于扩建，但灵活性和可靠性较差。线路变压器组接线示意图如图 3-12 所示。

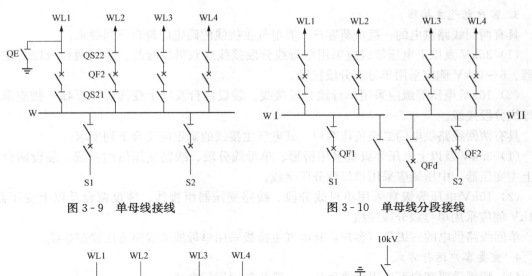

图 3-9　单母线接线　　　　　　　　　　图 3-10　单母线分段接线

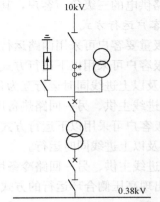

图 3-11　双母线接线　　　　　　　　图 3-12　线路变压器组

（5）桥形接线。两回变压器—线路单元接线相连，接成桥形接线。它分为内桥与外桥两种接线，是长期开环运行的四角形接线。桥形接线示意图如图 3-13 所示。

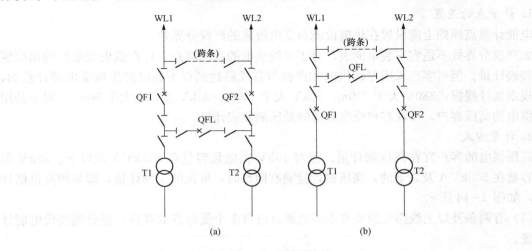

图 3-13　桥形接线
(a) 内桥接线；(b) 外桥接线

3. 客户电气主接线

具有两回线路供电的一级负荷客户，其电气主接线的确定应符合下列要求：

（1）35kV 及以上电压等级应采用单母线分段接线或双母线接线。装设两台及以上主变压器。6～10kV 侧应采用单母线分段接线。

（2）10kV 电压等级应采用单母线分段接线。装设两台及以上变压器。0.4kV 侧应采用单母线分段接线。

具有两回线路供电的二级负荷客户，其电气主接线的确定应符合下列要求：

（1）35kV 及以上电压等级宜采用桥形、单母线分段、线路变压器组接线。装设两台及以上主变压器。中压侧应采用单母线分段接线。

（2）10kV 电压等级宜采用单母线分段、线路变压器组接线。装设两台及以上变压器。0.4kV 侧应采用单母线分段接线。

单回线路供电的三级负荷客户，其电气主接线采用单母线或线路变压器组接线。

4. 重要客户运行方式

（1）特级重要客户可采用两路运行、一路热备用运行方式。

（2）一级客户可采用以下运行方式：

1）两回及以上进线同时运行互为备用。

2）一回进线主供、另一回路热备用。

（3）二级客户可采用以下运行方式：

1）两回及以上进线同时运行。

2）一回进线主供、另一回路冷备用。

不允许出现高压侧合环运行的方式。

【案例解析】

该用户为采用单回线路供电的三级负荷客户，其电气主接线采用单母线接线。

七、计量方案

1. 计量点的设置

电能计量点原则上应设置在供电设施与受电设施的产权分界处。

如产权分界处不适宜安装电能表，对于专线供电的高压客户，可在供电变电站的出线侧出口装表计量，但对客户采用专线供电和产权所有线路达到以下长度并采取受电端计量的，应按规定加计线损：380V 大于 200m，10kV 大于 100m，35kV 及以上大于 500m。对于公用线路供电的高压客户，可在客户受电装置的低压侧装表计量。

2. 计量方式

高压供电的客户宜在高压侧计量；但对 10kV 供电且容量在 315kVA 及以下、35kV 供电且容量在 500kVA 及以下的，高压侧计量确有困难时，可在低压侧计量，即采用高供低计方式，如图 3-14 所示。

（1）有两条及以上线路分别来自不同电源点或有多个受电点的客户，应分别装设电能计量装置。

（2）客户一个受电点内不同电价类别的用电，应分别装设电能计量装置。

（3）有送、受电量的地方电网和有自备电厂的客户，应在并网点上装设送、受电电能计

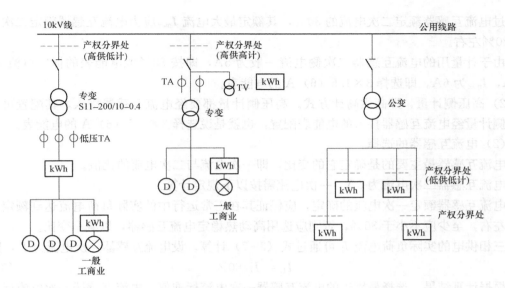

图 3-14　三种计量方式

量装置。

3. 电能计量装置的接线方式

（1）接入中性点绝缘系统的电能计量装置，宜采用三相三线接线方式。

（2）接入中性点非绝缘系统的电能计量装置，应采用三相四线接线方式。

4. 电能计量装置的配置

电能计量装置包括计费电能表（有功、无功电能表及最大需量表）和电压、电流互感器及二次连接线导线。

（1）电能表的选择。电能表的配置与电能表的基本电流和额定最大电流有关。基本电流（标定电流）是作为负荷的基数电流值，以 I_b 表示；额定最大电流是仪表能长期工作，误差与温升完全满足技术标准的最大电流值，以 I_{max} 表示。如 1.5（6）A 即电能表的基本电流值为 1.5A，额定最大电流为 6A。

电能表的接入方式有：直接接入（低压侧计量）、经电流互感器接入（低压侧计量）、经电流互感器和电压互感器接入（高压侧计量）。当负荷电流在 60A 及以上时，需要经电流互感器接入。

1）低压侧计量，即高供低计方式。

a. 直接接入式电能表的配置。直接接入式电能表的标定电流应按正常运行负荷电流的 30% 左右进行选择。例如负荷电流为 30A，其 30% 为 9A，那么就选择标定电流 I_b 为 10A 的电能表。标定电流确定完毕后，根据实际情况按 4 倍量程或 8 倍量程确定电能表的最大电流。例如按 4 倍量程选取最大电流 I_{max} 为 40A，则电能表选择 10（40）A 的规格。

电能表的常用规格有：

a）单相直接接入式，电流为 5（20）、10（40）、20（80）A 等，电压为 220V。

b）三相四线直接接入式，电流为 3×5（20）、3×10（40）、3×20（80）A 等，电压为 3×220/380V。

b. 经电流互感器接入的电能表的配置。经电流互感器接入的电能表，其标定电流 I_b 宜不超过电流互感器额定二次电流的 30%，其额定最大电流 I_{max} 应为电流互感器额定二次电流的 120%左右。

由于计量用的电流互感器二次侧电流一般为 5A，即按 30%取电能表的标定电流 I_b 为 1.5A，I_{max} 为 6A。即选择 3×1.5（6）A 的电能表。

2）高压侧计量，即高供高计方式。高压侧计量都要经电流互感器接入，其配置可参考低压侧计量经电流互感器接入的电能表配置，也就是说选择 3×1.5（6）A 的电能表。

（2）电流互感器的选择。

电流互感器最主要的是确定它的变比，即一次电流与二次电流的比值。

电流互感器二次电流为 5A。一次电流需按以下规定计算：

电流互感器额定一次电流的确定，应保证其在正常运行中的实际负荷电流达到额定值的 60%左右，至少应不小于 30%，否则应选用高动热稳定电流互感器，以减小变比。

三相供电的实际负荷电流 I_j 可通过式（3-7）计算。设电流互感器一次电流为 I_1，则

$$I_1 = I_j/60\% \tag{3-7}$$

根据计算结果，选择最靠近的电流互感器一次电流标准值。电流互感器一次电流标准值有 10、12.5、15、20、25、30、40、50、60、75、100、125、150、200、250、300、400、600、750、1000、1250、1500、2000A 等。

（3）电压互感器的选择。电压互感器主要用于高供高计的计量方式，其一次电压为供电电压 U_1，二次电压为 100V。则其变比为 $U_1/100V$。

（4）电能计量装置分类及准确度等级。根据 DL/T 448—2016《电能计量装置技术管理规程》规定，运行中的电能计量装置按计量对象重要程度和管理需要分为五类（Ⅰ、Ⅱ、Ⅲ、Ⅳ、Ⅴ）。分类细则及要求如下：

1）Ⅰ类电能计量装置。220kV 及以上贸易结算用电能计量装置，500kV 及以上考核用电能计量装置，计量单机容量 300MW 及以上发电机发电量的电能计量装置。

2）Ⅱ类电能计量装置。110（66）～220kV 贸易结算用电能计量装置，220～500kV 考核用电能计量装置，计量单机容量 100～300MW 发电机发电量的电能计量装置。

3）Ⅲ类电能计量装置。10～110（66）kV 贸易结算用电能计量装置，10～220kV 考核用电能计量装置，计量单机容量 100MW 以下发电机发电量、发电企业厂（站）用电量的电能计量装置。

4）Ⅳ类电能计量装置。380～10kV 电能计量装置。

5）Ⅴ类电能计量装置。220V 单相电能计量装置。

各类电能计量装置配置准确度等级要求见表 3-5。

表 3-5 电能计量装置配置准确度等级

电能计量装置类别	准确度等级			
	电能表		电力互感器	
	有功	无功	电压互感器	电流互感器*
Ⅰ	0.2S	2	0.2	0.2S
Ⅱ	0.5S	2	0.2	0.2S
Ⅲ	0.5S	2	0.5	0.5S

续表

电能计量装置类别	准确度等级			
	电能表		电力互感器	
	有功	无功	电压互感器	电流互感器*
Ⅳ	1	2	0.5	0.5S
Ⅴ	2	—	—	0.5S

* 发电机出口可选用非 S 级电流互感器

5. 用电信息采集终端安装方案

用电信息采集终端是指安装在用电信息采集点的设备，用于电能表数据的采集、数据管理、数据双向传输以及转发或执行控制命令。用电信息采集终端按应用场所分为专变采集终端、集中抄表终端（包括集中器、采集器）、分布式能源监控终端等类型。采集终端实物如图 3-15 所示。

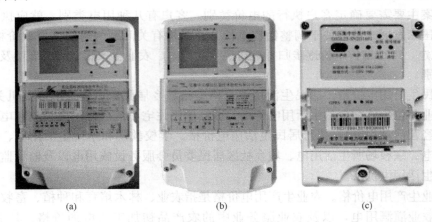

图 3-15 采集终端实物图
(a) 专变采集终端；(b) 低压集中器；(c) 低压 Ⅰ 型采集器

所有电能计量点均应安装用电信息采集终端。根据应用场所的不同选配用电信息采集终端。对高压供电的客户配置专变采集终端，对低压供电的客户配置集中抄表终端，对有需要接入公共电网分布式能源系统的客户配置分布式能源监控终端。

【案例解析】

该用户受电点内包含大工业用电和非居民照明用电，应分别进行计量。

(1) 大工业用电计量方案。计量点应设置在产权分界点，即 110kV 金沙变电站 10kV 沙桥路 10 号杆塔 T 接点第一断路器或第一支持物处。采用高供高计，经互感器接入的计量方式。

电压互感器变比：10/0.1kV。

电流互感器变比：已计算出该用户的计算负荷电流 I_j 为 27.45A，互感器一次电流为

$$I = I_j/60\% = 27.45/60\% = 45.75(A)$$

选择最靠近的变比：50/5A。

因此，可选配电压互感器变比为 10/0.1kV，电流互感器变比为 50/5A。

电能表配置：总表，三相三线智能电能表，有功准确度 0.5S，无功准确度 2 级，额定电压 $3\times100V$，额定电流 $3\times1.5(6)A$。

（2）非居民照明用电计量方案。计量点设置在用户低压配电室低压配电盘内，采用高供低计，计量非居民照明用电量，照明负荷电流 I'_j 为

$$I'_j = \frac{P}{\sqrt{3}U} = \frac{18}{\sqrt{3}\times0.38} \approx 27.35(A)$$

负荷电流小于 60A，采用直接接入式，则

$$I_b = I'_j \times 30\% = 27.35 \times 30\% \approx 8.21(A)$$

低压扣减分表选用三相四线智能电能表，额定电压为 $3\times220/380V$，额定电流为 10(40)A，有功准确度 1 级，无功准确度 2 级。

八、计费方案

1. 用电价格的确定

计费方案主要需要确定客户执行的电价类别。客户有几种用电类别，就应执行几种电价。根据《国家发展改革委关于调整销售电价分类结构有关问题的通知（发改价格〔2013〕973 号）》规定，现行销售电价逐步归并为居民生活用电、农业生产用电和工商业及其他用电价格三个类别。

（1）居民生活用电价格。居民生活用电价格是指城乡居民家庭住宅，以及机关、部队、学校、企事业单位集体宿舍的生活用电价格。城乡居民住宅小区公用附属设施用电（不包括从事生产、经营活动用电），执行居民生活用电价格。学校教学和学生生活用电、社会福利场所生活用电、宗教场所生活用电、城乡社区居民委员会服务设施用电以及监狱监房生活用电执行居民生活用电价格。

（2）农业生产用电价格。农业生产用电价格是指农业、林木培育和种植、畜牧业、渔业生产用电，农业灌溉用电，以及农业服务业中的农产品初加工用电的价格。其他农、林、牧、渔服务业用电和农副食品加工业用电等不执行农业生产用电价格。

农村饮水安全工程供水用电执行居民生活用电或农业电价格，具体由各省（区、市）价格主管部门根据实际情况确定。

（3）工商业及其他用电价格。工商业及其他用电价格是指除居民生活及农业生产用电以外的用电价格。

各类销售电价具体适用范围如下：

1）居民生活用电。

a. 城乡居民住宅用电是指城乡居民家庭住宅，以及机关、部队、学校、企事业单位集体宿舍的生活用电。

b. 城乡居民住宅小区公用附属设施用电是指城乡居民家庭住宅小区内的公共场所照明、电梯、电子防盗门、电子门铃、消防、绿地、门卫、车库等非经营性用电。

c. 学校教学和学生生活用电是指学校的教室、图书馆、实验室、体育用房、校系行政用房等教学设施，以及学生食堂、澡堂、宿舍等学生生活设施用电。执行居民用电价格的学校是指经国家有关部门批准，由政府及其有关部门、社会组织和公民个人举办的公办、民办学校，包括：①普通高等学校（大学、独立设置的学院和高等专科学校）；②普通高中、成人

高中和中等职业学校（普通中专、成人中专、职业高中、技工学校）；③普通初中、职业初中、成人初中；④普通小学、成人小学；⑤幼儿园（托儿所）；⑥特殊教育学校（对残障儿童、少年实施义务教育的机构）。执行居民用电价格的学校不含各类经营性培训机构，如驾校、烹饪、美容美发、语言、电脑培训机构等。

d. 社会福利场所生活用电是指经县级及以上人民政府民政部门批准，由国家、社会组织和公民个人举办的，为老年人、残疾人、孤儿、弃婴提供养护、康复、托管等服务场所的生活用电。

e. 宗教场所生活用电是指经县级及以上人民政府宗教事务部门登记的寺院、宫观、清真寺、教堂等宗教活动场所常住人员和外来暂住人员的生活用电。

f. 城乡社区居民委员会服务设施用电是指城乡居民社区居民委员会工作场所及非经营公益服务设施的用电。

2）农业生产用电。

a. 农业用电是指各种农作物的种植活动用电，包括谷物、豆类、薯类、棉花、油料、糖料、麻类、烟草、蔬菜、食用菌、园艺作物、水果、坚果、含油果、饮料和香料作物、中药材及其他农作物种植用电。

b. 林木培育和种植用电是指林木育种和育苗、造林和更新、森林经营和管护等活动用电。其中，森林经营和管护用电是指在林木生长的不同时期进行的促进林木生长发育的活动用电。

c. 畜牧业用电是指为了获得各种畜禽产品而从事的动物饲养活动用电，不包括专门供体育活动和休闲等活动相关的禽畜饲养用电。

d. 渔业用电是指在内陆水域对各种水生动物进行养殖、捕捞，以及在海水中对各种水生动植物进行养殖、捕捞活动用电，不包括专门供体育活动和休闲钓鱼等活动用电以及水产品的加工用电。

e. 农业灌溉用电是指为农业生产服务的灌溉及排涝用电。

f. 农产品初加工用电是指对各种农产品（包括天然橡胶、纺织纤维原料）进行脱水、凝固、去籽、净化、分类、晒干、剥皮、初烤、沤软或大批包装以提供初级市场的用电。

3）工商业及其他用电是指除居民生活及农业生产用电以外的用电。

a. 大工业用电是指受电变压器（含不通过受电变压器的高压电动机）容量在315kVA及以上的下列用电：①以电为原动力或以电冶炼、烘焙、熔焊、电解、电化、电热的工业生产用电；②铁路（包括地下铁路、城铁）、航运、电车及石油（天然气、热力）加压站生产用电；③自来水、工业实验、电子计算中心、垃圾处理、污水处理生产用电。

b. 中小化肥用电是指年生产能力为30万吨以下（不含30万吨）的单系列合成氨、磷肥、钾肥、复合肥料生产企业中化肥生产用电。其中复合肥料是指含有氮磷钾两种以上（含两种）元素的矿物质，经过化学方法加工制成的肥料。

c. 农副食品加工业用电是指直接以农、林、牧、渔产品为原料进行的谷物磨制、饲料加工、植物油和制糖加工、屠宰及肉类加工、水产品加工，以及蔬菜、水果、坚果等食品的加工用电。

2. 两部制电价的执行

（1）两部制电价的执行范围。装见容量在315kVA及以上的大工业用户执行两部制电价。两部制电价包括电度电价和基本电价。基本电费是根据基本电价计算得到的。

（2）基本电费的计收。

基本电费可以按变压器容量计收，也可以按最大需量计收。

根据《供电营业规则》，以变压器容量计算基本电费的用户，其备用的变压器（含高压电动机），属冷备用状态并经供电企业加封的，不收基本电费；属热备用状态的或未经加封的，不论使用与否都计收基本电费；属热备用状态的或未经加封的，不论使用与否都计收基本电费。用户专门为调整用电功率因数的设备，如电容器、调相机等，不计收基本电费。在受电装置一次侧装有连锁装置备用的变压器（含高压电动机），按可能同时使用的变压器（含高压电动机）容量和的最大值计算其基本电费。

按照最大需量计收基本电费的，电力用户实际最大需量超过合同确定值105%时，超过105%部分的基本电费加一倍收取；未超过合同确定值105%的，按合同确定值收取；申请最大需量核定值低于变压器容量和高压电动机容量总和的40%时，按容量总和的40%核定合同最大需量；对按最大需量计费的两路及以上进线用户，各路进线分别计算最大需量，累加计收基本电费。

【案例解析】

案例中，该用户主要用电类别为1～10kV大工业用电电价，且变压器容量超过315kVA，因此执行两部制电价，经与客户协商，按照变压器容量计收基本电费。

九、无功补偿容量的确定

1. 无功补偿装置的配置原则

无功电力应分层分区、就地平衡。客户应在提高自然功率因数的基础上，按有关标准设计并安装无功补偿设备。为提高客户电容器的投运率，并防止无功倒送，宜采用自动投切方式。

2. 考核功率因数

根据《功率因数调整电费办法》，对功率因数的标准值及其适用范围的规定如下：

（1）功率因数标准0.90，适用于160kVA以上的高压供电工业用户（包括社队工业用户）、装有带负荷调整电压装置的高压供电电力用户和3200kVA及以上的高压供电电力排灌站。

（2）功率因数标准0.85，适用于100kVA（kW）及以上的其他工业用户（包括社队工业用户），100kVA（kW）及以上的非工业用户和100kVA（kW）及以上的电力排灌站。

（3）功率因数标准0.80，适用于100kVA（kW）及以上的农业用户和趸售用户，但大工业用户未划由电业直接管理的趸售用户，功率因数标准应为0.85。

根据计算的功率因数，高于或低于规定标准时，在按照规定的电价计算出其当月电费后，再按照"功率因数调整电费表"所规定的百分数增减电费。

3. 无功补偿容量的计算

电容器的安装容量Q，应根据客户的自然功率因数计算后确定，计算公式如式（3-8）。

$$Q = P_j(\tan\varphi_1 - \tan\varphi_2) \tag{3-8}$$

式中：P_j为式（3-2）计算出的计算负荷；φ_1为补偿前的自然功率因数角；φ_2为补偿后的

自然功率因数角。

当不具备设计计算条件时，电容器安装容量的确定应符合下列规定：

（1）35kV 及以上变电站可按变压器容量的 10%～30%确定。

（2）10kV 变电站可按变压器容量的 20%～30%确定。

【案例解析】

该用户补偿前的自然功率因数为 0.87，应达到的功率因数角 0.9，因此无功补偿容量为

$$Q = P_j[\text{tanarc}(\cos 0.87) - \text{tanarc}(\cos 0.9)] \approx 427.88 \times (0.57 - 0.48) \approx 38.51(\text{kvar})$$

十、继电保护要求

1. 继电保护设置的基本原则

客户变电站中的电力设备和线路，应装设反应短路故障和异常运行的继电保护和安全自动装置，满足可靠性、选择性、灵敏性和速动性的要求。客户变电站中的电力设备和线路的继电保护应有主保护、后备保护和异常运行保护，必要时可增设辅助保护。10kV 及以上变电站宜采用数字式继电保护装置。

2. 具体保护方式配置的要求

进线保护的配置应符合下列规定：

（1）110kVA 及以上进线保护的配置，应根据经评审后的二次接入系统设计确定。

（2）35kV 进线应装设延时速断及过电流保护，对有自备电源的客户也可采用阻抗保护。

（3）10kV 进线装设速断或延时速断、过电流保护，对小电阻接地系统，宜装设零序保护。

主变压器保护的配置应符合下列规定：

（1）容量在 0.4MVA 及以上车间油浸变压器和 0.8MVA 及以上油浸变压器，均应装设气体保护，其余非电量保护按照变压器厂家要求配置。

（2）电压在 10kV 及以下或容量在 10MVA 及以下的变压器，采用电流速断保护和过电流保护分别作为变压器的主保护和后备保护。

（3）电压在 10kV 以上及容量在 10MVA 及以上的变压器，采用纵差保护和过电流保护（或复压过电流）分别作为变压器的主保护和后备保护。对于电压为 10kV 的重要变压器，当电流速断保护灵敏度不符合要求时也可采用纵差保护作为变压器主保护。

（4）220kV 主变压器除非电量保护外，应采用两套完整、独立的主保护和后备保护。

220kV 母线及 110kV 双母线宜采用两套专用母线保护。

【案例分析】

该用户为 10kV 供电，10kV 进线处应装设速断或延时速断、过电流保护。其变压器容量为 630kVA，应采用纵差保护为主保护，过电流保护为后备保护。

十一、调度通信自动化技术要求

1. 需要实行电力调度管理的客户范围

（1）受电电压在 10kV 及以上的专线供电客户。

（2）有多电源供电、受电装置的容量较大且内部接线复杂的客户。

（3）有两回路及以上线路供电，并有并路倒闸操作的客户。

（4）有自备电厂并网的客户。

（5）重要电力客户或对供电质量有特殊要求的客户等。

2. 通信和自动化要求

35kV 及以下供电、用电容量不足 8000kVA 且有调度关系的客户，可利用用电信息采集系统采集客户端的电流、电压及负荷等相关信息，配置专用通信市话与调度部门进行联络。

35kV 供电、用电容量在 8000kVA 及以上或 110kV 及以上的客户宜采用专用光纤通道或其他通信方式，通过远动设备上传客户端的遥测、遥信信息，同时应配置专用通信市话或系统调度电话与调度部门进行联络。

其他客户应配置专用通信市话与当地供电公司进行联络。

【案例分析】

该用户不在电力调度管理客户范围。

十二、产权分界示意图

在答复客户的供电方案中，需要绘制产权分界示意图。示意图应清晰的标明供电线路、产权分界点的相关信息。

1. 单电源公用线路

单电源公用线路产权分界示意图如图 3-16 所示，绿色部分为客户产权。

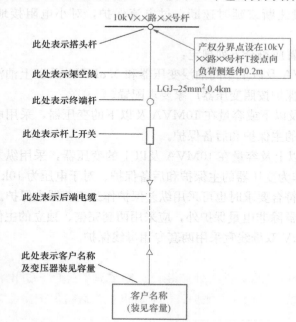

图 3-16　单电源公用线路供电产权示意图

2. 单电源公用电缆网

单电源公用电缆网产权分界示意图如图 3-17 所示，绿色部分为客户产权。

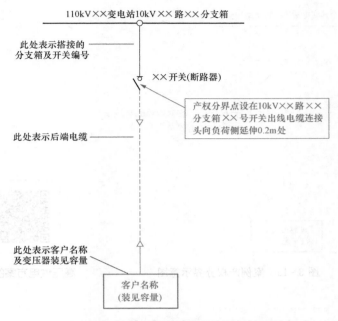

图 3-17　单电源公用线路供电产权示意图

3. 单电源专线

单电源专线产权分界示意图如图 3-18 所示，绿色部分为客户产权。

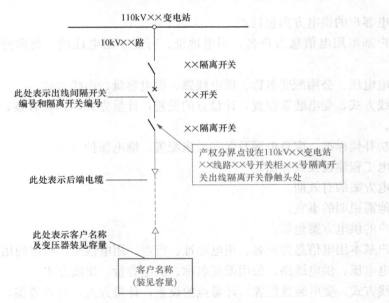

图 3-18　单电源专线产权分界示意图

【案例分析】

该客户的产权分界示意图如图 3-19 所示。

本案例客户的供电方案答复单如附录 3 所示。

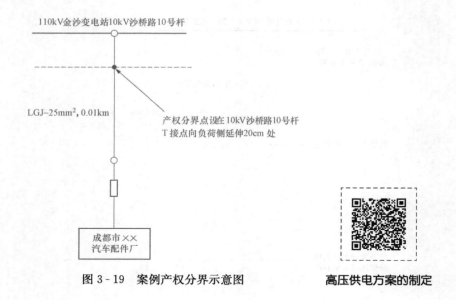

LGJ—25mm², 0.01km

产权分界点设在 10kV 沙桥路10 号杆
T 接点向负荷侧延伸20cm 处

成都市××
汽车配件厂

图 3 - 19　案例产权分界示意图　　　　　**高压供电方案的制定**

第二节　低压供电方案的制定

一、低压供电客户供电方案的基本内容

低压供电客户的供电方案包括：

（1）客户基本用电信息为户名、用电地址、行业、用电性质、负荷分级，核定的用电容量。

（2）供电电压、公用配变名称、供电线路、供电容量、出线方式。

（3）进线方式，受电装置位置，计量点的设置，计量方式，计费方案，用电信息采集终端安装方案。

（4）无功补偿标准、应急电源及保安措施配置、继电保护要求。

（5）受电工程建设投资界面。

（6）供电方案的有效期。

（7）其他需说明的事宜。

居民客户的供电方案包括：

（1）客户基本用电信息为户名、用电地址、行业、用电性质，核定的用电容量。

（2）供电电压、供电线路、公用配变名称、供电容量、出线方式。

（3）进线方式、受电装置位置、计量点的设置，计量方式，计费方案，用电信息采集终端安装方案。

（4）供电方案的有效期。

二、客户基本用电信息

客户基本用电信息包括户名、用电地址、行业、用电性质、负荷分级，核定的用电容量。

客户的户名、用电地址应和其提交的业务办理资料的名称保持一致，应仔细核对。同时根据客户现场查勘结果核定行业、用电性质、用电容量。

客户的负荷分级参照本章第一节高压供电方案的制定中关于负荷分级的规定来确定。

三、用电容量及供电电压等级的确定

【案例解析】

经核对，　该用户户名：××超市。

用电地址：××市青羊区精城路 55 号。

用电性质：商业。

行业分类为：综合零售。

负荷分级：该用户不适于于一、二级负荷的范畴，为三级负荷。

客户分级：该用户为普通电力客户。

1. 用电容量的确定

（1）非居民客户用电容量的确定。非居民客户用电容量的确定根据客户主要用电设备额定容量确定，其中也包括已接线而未用电的设备。设备的额定容量是指设备铭牌上标定的额定功率。如果设备铭牌上标有分挡使用，有不同容量时，应按其中最大容量计算；如果设备上标明的是输入额定电流值而无额定容量值时，可按式（3-9）或式（3-10）计算其额定容量。

单相设备

$$P = U_N I_N \cos\varphi \tag{3-9}$$

三相设备

$$P = \sqrt{3} U_N I_N \cos\varphi \tag{3-10}$$

式中：P 为额定容量（kW）；U_N 为额定电压（kV）；I_N 为额定电流（A）；$\cos\varphi$ 为设备的功率因数。

将客户所有用电设备的容量相加，则得到其全部容量 $\sum P$。

（2）居民客户用电容量的确定。居住区住宅以及公共服务设施用电容量的确定，应综合考虑所在城市的性质、社会经济、气候、民族、习俗及家庭能源使用的种类，同时满足应急照明和消防设施要求。

建筑面积在 50m² 及以下的住宅用电，每户容量宜不小于 4kW；建筑面积大于 50m² 的住宅用电，每户容量宜不小于 8kW。

配变容量的配置系数应根据住宅面积和各地区用电水平，由各省（自治区、直辖市）电力公司确定。

2. 供电电压等级的确定

低压供电的额定电压有单相 220V、三相 380V。

客户单相用电设备总容量在 10kW 及以下时可采用低压 220V 供电，在经济发达地区用电设备容量可扩大到 16kW。

客户用电设备总容量在 100kW 及以下或受电变压器容量在 50kVA 及以下者，可采用低

压 380V 供电。在用电负荷密度较高的地区，经过技术经济比较，采用低压供电的技术经济性明显优于高压供电时，低压供电的容量可适当提高。

低压客户供电电压等级确定可参考表 3 - 6。

表 3 - 6   低压客户供电电压等级的确定

供电电压等级	用电设备容量	受电变压器总容量
220V	10kW 及以下单相设备	—
380V	100kW 及以下	50kVA 及以下

农村地区低压供电容量应根据当地农村电网综合配电小容量、多布点的配置特点确定。

【案例解析】

需要系数 $k = 0.8$

客户申请总负荷为

$$\sum P = 3 \times 5 + 1 \times 5 + 400 \times 15 + 200 \times 5 + 8 = 35 (kW)$$

计算负荷为 $P_j = k \sum P = 0.8 \times 35 = 28 (kW)$

该用户用电容量为 28kW。

3. 供电电压等级与供电距离的关系

对于 380V 低压供电的客户，其供电距离和其输送容量也有关系，一般应小于 0.6km。

【案例解析】

根据表 3 - 6，用户存在三相设备，选定供电电压等级为 380V。

四、供电电源及配电线路

1. 供电电源的配置

低压供电客户若为普通电力客户，可采用单电源供电。如果为重要客户，则按第一节中重要电力客户电源配置确定供电电源及回路数量。

供电电源点的选择按照距离最近优先原则，同时考虑台区配变可开放容量确定。

2. 配电线路的选择

(1) 配电线路材料的分类。

对于低压供电的客户，其线路主要实现 10kV 变压器台区、箱变与低压用户用电设备的连接，从而达到完成电能分配的目的，因此称为低压配电线路。

低压配电线路多采用架空导线的方式接入。

低压架空配电线路中常用的导线主要有裸导线和绝缘导线。

1) 裸导线具备结构简单，线路工程造价成本低，施工、维护方便等特点。架空配电线路中常用的裸导线有铝绞线、钢芯铝绞线、合金铝绞线等。

2) 架空绝缘导线或称为架空绝缘电缆。目前，在架空配电线路中广泛采用架空绝缘线，相对裸导线而言，采用架空绝缘导线的配电线路运行的稳定性和供电可靠性要好于裸导线配电线路，且线路故障明显降低。线路与树木的矛盾问题基本得到解决，同时也降低了维护工作量，提高了线路的运行安全可靠性。

a. 线芯。架空绝缘导线有铝芯和铜芯两种。在配电网中，铝芯应用比较多，铜芯线主要是作为变压器及开关设备的引下线。

b. 绝缘材料。架空绝缘导线的绝缘保护层有厚绝缘（3.4mm）和薄绝缘（2.5mm）两种。厚绝缘的绝缘保护层运行时允许与树木频繁接触，薄绝缘的绝缘保护层只允许与树木短时接触。绝缘保护层又分为交联聚乙烯和轻型聚乙烯，交联聚乙烯的绝缘性能更优良。

目前，在我国配电线路中常用的低压架空绝缘导线型号见表3-7。

表3-7 常用的低压架空绝缘导线型号

编号	型号	名称
1	JV	铜芯聚氯乙烯绝缘线
2	JLV	铝芯聚氯乙烯绝缘线
3	JY	铜芯聚乙烯绝缘线
4	JLY	铝芯聚乙烯绝缘线
5	JYJ	铜芯交联聚乙烯绝缘线
6	YLYJ	铝芯交联聚乙烯绝缘线

（2）架空配电线路导线截面的选择要求。

架空配电线路要求导线的导电能力强、机械强度大、抗腐蚀、重量轻、价格便宜；同时，架空配电线路导线应采用符合国家技术标准的产品。为保证线路安全稳定、连续可靠地运行，对导线截面的选择一般有以下几种方法。

1）按允许载流量选择。当导线通过工作电流时，因电流的热效应会使导线温度升高，尤其是在导线接头处会加快氧化，使接头接触电阻增大，形成恶性循环，将有可能造成接头处松脱或熔融。同时，温度升高还将导致导线的机械强度、导电能力下降，绝缘导线的绝缘损坏，甚至造成导线烧断。所以，按允许载流量选择导线的目的是使负荷电流长期流过导线所引起的温升不至于超过最高允许温度。

2）按经济电流密度选择。本章第一节中已对此种方法进行了详细介绍。通常这种方法是在高压架空电力线路中使用。

3）按允许电压损失选择。由于低压负荷，特别是农村电力负荷，其配电线路往往延伸较长，导线上的电压降相对较大，由于电压的变化将直接影响负荷的正常工作；因此，电压等级在10kV及以下的架空配电线路中，为确保用户的电压质量，《10kV及以下架空配电线路设计技术规程》规定，自配变二次侧出口至线路末端（不包括接户线）的允许电压降为额定电压的4%。要按此允许电压损失选择导线截面。

4）按机械强度校验导线截面。架空配电线路导线本身具有一定的重量，同时还要承受风雪、覆冰等外力，温度变化时还会因热胀冷缩引起受力变化，所以为了防止断线事故，导线应具有一定的机械强度，为此规定了导线的最小允许截面积，见表3-8。

表3-8 导线的最小截面积 （mm²）

导线种类	低压配电线路	接户线
铝绞线	16	绝缘线6.0
钢芯铝绞线	16	—
铜线	直径3.2mm	绝缘铜线4.0

配电线路不应采用单股的铝线或铝合金线。三相四线制的零线截面积，$70mm^2$ 以下与导线截面积相同，$70mm^2$ 及以上不宜小于相线截面积的 $1/2$。

对于 10kV 及以下高压线路和低压动力线路，其导线选择过程是：第一步计算发热条件，第二步计算电压损失，第三步进行机械强度校验。

（3）接户线和进户线的一般要求。一般情况下，接户线是指架空配电线路与用户建筑物外第一支持点之间的一段线路，由用户室外进入用户室内的线路称为进户线。

1）当用户计量装置在室内时，从电力线路到用户室外第一支持物的一段线路为接户线；从用户室外第一支持物至用户室内计量装置的一段线路为进户线。

2）当用户计量装置在室外时，从电力线路到用户室外计量装置的一段路为接户线；从用户室外计量装置出线端至用户室内第一支持物或配电装置的一段线路为进户线。

3）低压接户线是指从 0.4kV 及以下低压电力线路到用户第一支持物的一段线路；低压接户线通常使用绝缘线进行连接；根据导线拉力大小，低压接户线直接选用针式或蝶式绝缘子的连接方式固定在房屋的支持点上。1kV 以下接户线的导线截面积应根据允许载流量选择，且不应小于下列数值：铜芯绝缘导线为 $10mm^2$；铝芯绝缘导线为 $16mm^2$。常用的接户线型号见表 3-9。

表 3-9　　　　　　　　　　常用的接户线型号

类型	型号	名称
塑料绝缘导线	BLV	铝芯聚氯乙烯绝缘线
	BV	铜芯聚氯乙烯绝缘线
	BLVV	铝芯聚氯乙烯绝缘和护套线
	BVV	铜芯聚氯乙烯绝缘和护套线
	BVR	铜芯聚氯乙烯绝缘软线
橡胶绝缘导线	BLX	铝芯橡胶绝缘线
	BX	铜芯橡胶绝缘线
	BLXF	铝芯氯丁基橡胶绝缘线
	BXF	铜芯氯丁基橡胶绝缘线
	BXR	铜芯橡胶软线

4）进户线的进户点位置应尽可能靠近供电线路且明显可见，便于施工维护，进户线所在房屋应坚固并不漏水。进户线应采用绝缘导线，某省的进户线技术规范要求其截面积：单相供电，不小于 $10mm^2$；三相供电，不小于 $6mm^2$。并应符合进户线应为有安全认证标志（CCC）的产品，常用 BV 型绝缘电线的绝缘层厚度满足一定规定。

3. 产权分界点

公用低压线路供电的，以供电接户线用户端最后支持物为分界点支持物属供电企业。也有将产权分界点定于客户电能计量装置出线端。低压客户以低压计量装置为投资分界点。分界点电源侧供电设施由供电企业投资建设，分界点负荷侧供电设施由用户投资建设。以低压计量装置为投资分界点示意图如图 3 - 20 所示。

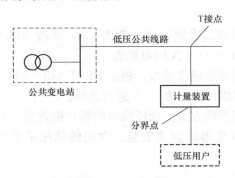

图 3 - 20　以低压计量装置为投资分界点

【案例解析】

低压供电客户为普通电力客户，采用单电源供电。

供电电源点的选择按照距离最近优先原则，选定为 110kV 金沙变电站沙桥路双清北路公变台区，接户线采用 BLV 铝芯聚氯乙烯绝缘线，导线半径为 16mm² 。

五、计量方案

1. 计量点的设置

低压客户计量点应选择在产权分界点，如产权分界点安装计量装置确实有困难时，也可安装在客户受电点合适位置，但应根据实际情况承担产权范围内的线路损耗。

2. 计量方式

低压客户的计量方式为低供低计。

3. 电能表的配置

根据客户负荷电流大小选择合适的电能表及接入方式。电能表分为直接接入和经电流互感器接入两种方式。当负荷电流在 60A 及以上时，需要经电流互感器接入。

负荷电流的计算按式（3 - 11）～式（3 - 13）计算。

单相负荷电流

$$I = \sum P/U \tag{3 - 11}$$

三相负荷电流（混合负荷）

$$I = \sum P/(\sqrt{3}U\cos\varphi) \tag{3 - 12}$$

三相负荷电流（纯电阻）

$$I = \sum P/\sqrt{3}U \tag{3 - 13}$$

式中：$\sum P$ 为客户的设备总容量（kW）；U 为供电电压；$\cos\varphi$ 在三相负荷是混合负荷时，取 0.75。

（1）直接接入式电能表的配置及常用规格与本章第一节"七　计量方案"中"直接接入式电能表的配置"相同。

（2）经电流互感器接入的电能表的配置。经电流互感器接入的电能表，其标定电流 I_b

宜不超过电流互感器额定二次电流的30%，其额定最大电流 I_{max} 应为电流互感器额定二次电流的120%左右。

由于计量用的电流互感器二次侧电流一般为5A，即按30%取电能表的标定电流 I_b 为1.5A， I_{max} 为6A。即选择1.5（6）A的电能表。

（3）电能计量装置分类及准确度等级。根据DL/T 448—2016规定，低压客户主要为Ⅳ、Ⅴ类计量装置，其准确度等级可参考表3-5进行选择。

（4）用电信息采集终端安装方案。低压供电的客户配置集中抄表终端可采用台区配置集中器，多户客户集中配置采集器的方式安装。常用的低压采集终端布线示意图如图3-21所示。

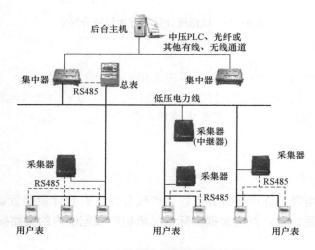

图 3-21　低压采集终端布线示意图

【案例解析】

该用户计量点设置在产权分界点处，即电能表出线端处。采用低供低计，负荷电流 I_j' 为

$$I_j' = \frac{P}{\sqrt{3}U} = \frac{28}{\sqrt{3} \times 0.38} \approx 42.54(\text{A})$$

负荷电流小于60A，采用直接接入式电能表，则

$$I_b = I_j' \times 30\% = 42.54 \times 30\% \approx 12.76(\text{A})$$

选用三相四线智能电能表，额定电压为 $3 \times 220/380\text{V}$，额定电流为 $3 \times 15(60)\text{A}$，有功准确度1.0。

六、计费方案

低压客户仍然按照客户有几种用电类别，就应执行几种电价的原则确定。电价的执行范围可参考本章第一节中关于计费方案的介绍。

【案例解析】

该用户为一般商业用户，执行不满1kV一般工商业及其他电价。

七、产权分界示意图

低压客户产权分界示意图如图3-22所示。

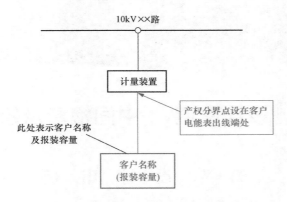

图 3-22　低压客户产权分界示意图

【案例解析】

该用户的产权分解示意图如图 3-23 所示。

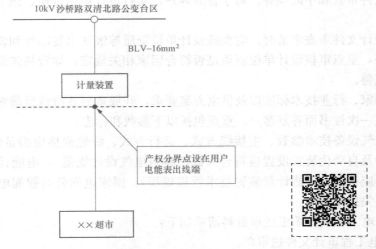

图 3-23　××超市产权分界示意图

低压供电方案的制定

第四章　设计审查、中间检查及竣工验收

第一节　设　计　审　查

一、设计审查流程及内容

对于重要或有特殊负荷（高次谐波、冲击性负荷、波动负荷、非对称性负荷等）的客户，开展设计文件审查和中间检查。对于普通客户，实行设计单位资质、施工图纸与竣工资料合并报送。

受理客户设计文件审查申请时，应查验设计单位资质等级证书复印件和设计图纸及说明（设计单位盖章），重点审核设计单位资质是否符合国家相关规定。如资料欠缺或不完整，应告知客户补充完善。

严格按照国家、行业技术标准以及供电方案要求，开展重要或特殊负荷客户设计文件审查，审查意见应一次性书面答复客户。重点包括以下参数和标志：

（1）主要电气设备技术参数、主接线方式、运行方式、线缆规格应满足供电方案要求，通信、继电保护及自动化装置设置应符合《民用建筑电气设计规范》，电能计量和用电信息采集装置的配置应符合《电能计量装置技术管理规程》、国家电网公司智能电能表以及用电信息采集系统相关技术标准。

高压客户受电工程设计图纸送审资料清单如下：

1）客户受电工程审计文件送审单。

2）用电功率因素计算及无功补偿方式。

3）客户受电工程设计及说明书。

4）继电保护、过电压保护及电能计量装置的方式。

5）用电负荷分布图。

6）隐蔽工程设计资料。

7）负荷组成、性质及保安负荷。

8）配电网络布置图。

9）影响电能质量的用电设备清单。

10）自备电源及接线方式。

11）主要电气设备一览表。

12）设计单位资质审查材料。

13）节能篇及主要生产设备。

14）高压受电装置一、二次接线图与平面布置图。

15）生产工艺耗电以及允许中断供电时间。

16）供电企业认为必须提供的其他资料。

（2）对于重要客户，还应审查供电电源配置、自备应急电源及非电性质保安措施等，应满足有关规程、规定的要求。

依据《重要电力用户供电电源及自备应急电源配置技术规范》，重要电力用户供电电源配置原则为：

1）重要电力用户的供电电源一般包括主供电源和备用电源。重要电力用户的供电电源应依据其对供电可靠性的需求、负荷特性、用电设备特性、用电容量、对供电安全的要求、供电距离、当地公共电网现状、发展规划及所在行业的特定要求等因素，通过技术、经济比较后确定。

2）重要电力用户电压等级和供电电源数量应根据其用电需求、负荷特性和安全供电准则来确定。

3）重要电力用户应根据生产特点、负荷特性等，合理配置非电性质的保安措施。

4）在地区公共电网无法满足重要电力用户的供电电源需求时，重要电力用户应根据自身需求，按照相关标准自行建设或配置独立电源。

重要电力用户供电电源配置技术要求为：

1）重要电力用户的供电电源应采用多电源、双电源或双回路供电。当任何一路或一路以上电源发生故障时，至少仍有一路电源应能对保安负荷持续供电。

2）特级重要电力用户宜采用双电源或多路电源供电，一级重要电力用户宜采用双电源供电，二级重要电力用户宜采用双回路供电。

3）临时性重要电力用户按照供电负荷重要性，在条件允许情况下，可以通过临时敷设线路等方式具备双回路或两路以上电源供电条件。

4）重要电力用户供电电源的切换时间和切换方式宜满足重要电力用户允许断电时间的要求。切换时间不能满足重要负荷允许断电时间要求的，重要电力用户应自行采取技术手段解决。

5）重要电力用户供电系统应当简单可靠，简化电压层级，重要电力用户的供电系统设计应按 GB/T 50052—2009《供配电系统设计规范》执行。如果用户对电能质量有特殊需求，应当自行加装电能质量控制装置。

6）双电源或多路电源供电的重要电力用户，宜采用同级电压供电。但根据不同负荷需要及地区供电条件，也可采用不同电压供电。采用双电源或双回路的同一重要电力用户，不应采用同杆架设供电。

自备应急电源配置原则为：

1）重要电力用户均应自行配置应急电源，电源容量至少应满足全部保安负荷正常供电的要求。新增重要电力客户自备应急电源应同步建设，在正式生产运行前投运。有条件的可设置专用应急母线。

2）自备应急电源的配置应依据保安负荷的允许断电时间、容量、停电影响等负荷特性，按照各类应急电源在启动时间、切换方式、容量大小、持续供电时间、电能质量、节能环保、适用场所等方面的技术性能，选取合理的自备应急电源。

3）重要电力用户应具备外部自备应急电源接入条件，有特殊供电需求及临时重要电力用户，应配置外部应急发电车接入装置。

4）自备应急电源应负荷国家有关安全、消防、节能、环保等技术规范和标准要求。

自备应急电源配置技术要求。

1）允许断电时间的技术要求：

a. 重要负荷允许断电时间为毫秒级的，用户应选用满足相应技术条件的静态储能不间断电源或动态储能不间断电源，且采用在线运行的运行方式。

b. 重要负荷允许断电时间为秒级的，用户应选用满足相应技术条件的静态储能电源、快速自动启动发电机组等电源，且自备应急电源应具有自动切换功能。

c. 重要负荷允许断电时间为分钟级的，用户应选用满足相应技术条件的发电机组等电源，可采用手动方式启动自备发电机。

2）自备应急电源需求容量的技术要求：

a. 自备应急电源需求容量达到百兆瓦级的，用户可选用满足相应技术条件的独立于电网的自备电厂等自备应急电源。

b. 自备应急电源需求容量达到兆瓦级的，用户应选用满足相应技术条件的大容量发电机组，动态储能装置、大容量静态储能装置（如 EPS）等自备应急电源；如选用往复式内燃机驱动的交流发电机组，可参照 GB 2820.1—2009《往复式内燃机驱动可交流发电机组》的要求执行。

c. 自备应急电源需求容量达到百千瓦级的，用户可选用满足相应技术条件的中等容量静态储能不间断电源（如 UPS）或小型（发电机组）等自备应急电源。

d. 自备应急电源需求容量达到千瓦级的，用户可选用满足相应技术条件的小容量静态储能电源（如小型移动式 UPS、蓄电池、干电池）等自备应急电源。

3）持续供电时间和供电质量的技术要求：

a. 对于持续供电时间要求在标准条件下 12h 以内，对供电质量要求不高的重要负荷，可选用满足相应技术条件的一般发电机组作为自备应急电源。

b. 对于持续供电时间要求在标准条件下 12h 以内，对供电质量要求较高的重要负荷，可选用满足相应技术条件的供电质量高的发电机组、动态储能不间断供电装置、静态储能装置与发电机组的组合作为自备应急电源。

c. 对于持续供电时间要求在标准条件下 2h 以内，对供电质量要求较高的重要负荷，可选用满足相应技术条件的大容量静态储能装置作为自备应急电源。

d. 对于持续供电时间要求在标准条件下 30min 以内，对供电质量要求较高的重要负荷，可选用满足相应技术条件的小容量静态储能装置作为自备应急电源。

（3）对具有非线性阻抗用电设备（高次谐波、冲击性负荷、波动负荷、非对称性负荷等）的特殊负荷客户，还应审核谐波负序治理装置及预留空间，电能质量监测装置是否满足有关规程、规定要求。

非线性负荷的主要种类：

1）换流和整流装置，包括电气化铁路、电车整流装置、功力蓄电池用的充电设备等。电气化铁路如图 4-1 所示。

2）冶金部门的轧钢机、感应炉和电弧炉，如图 4-2 所示。

3）电解槽和电解化工设备。

图 4-1　电气化铁路

4）大容量电弧焊机。

5）大容量、高密度变频装置。

6）其他大容量冲击设备的非线性负荷。

图 4-2　电弧炉

非线性负荷的主要要求：

1）客户应委托有资质的专业机构出具非线性负荷设备接入电网的电能质量评估报告。

2）按照"谁污染、谁治理"和"同步设计、同步施工、同步投运、同步达标"的原则，在供电方案中明确客户质量电能质量污染的责任及相关要求。

3）客户负荷注入公共电网连接点的谐波电压限值及谐波电流允许值应负荷 GB/T 14549—1993《电能质量 公用电网谐波》规定的限值。

4）客户的冲击性负荷产生的电压波动允许值应符合 GB/T 12326—2008《电能质量 电压波动和闪变》规定的限值。

设计文件审查合格后，应填写客户受电工程设计文件审查意见单，并在审核通过的设计文件上加盖图纸审核专用章，告知客户下一环节需要注意的事项：

1）因客户原因需变更设计的，应填写《客户受电工程变更设计申请联系单》，将变更后的设计文件再次送审，通过审核后方可实施。

2）承揽受电工程施工的单位应具备政府部门颁发的相应资质的承装（修、试）电力设施许可证。

依据《承装（修、试）电力设施许可证管理办法》，取得一级许可证的，可以从事所有电压等级电力设施的安装、维修或者试验活动。取得二级许可证的，可以从事 220kV 以下电压等级电力设施的安装、维修或者试验活动。取得三级许可证的，可以从事 110kV 以下电压等级电力设施的安装、维修或者试验活动。取得四级许可证的，可以从事 35kV 以下电压等级电力设施的安装、维修或者试验活动。取得五级许可证的，可以从事 10kV 以下电压等级电力设施的安装、维修或者试验活动。

3）工程施工应依据审核通过的图纸进行。隐蔽工程掩埋或封闭前，须报供电企业进行中间检查。

4）受电工程竣工报验前，应向供电企业提供进线继电保护定值计算相关资料。

设计图纸审查期限：自受理之日起，高压客户不超过 5 个工作日。

二、设计审查表单填写

以××机械厂为例，示范设计审查表单的填写，客户受电工程设计文件送审单示例见表 4-1。客户受电工程设计文件审查意见单示例见表 4-2。客户受电工程变更设计申请联系单示例见表 4-3 所示。

表 4-1　　　　　　　　　客户受电工程设计文件送审单示例

客户受电工程设计文件送审单

客户基本信息				
户　号	系统自动生成	申请编号	系统自动生成	（档案标识二维码，系统自动生成）
户　名	×市××机械厂			
联系人	张××	联系电话	138×××8877	
设计单位信息				
设计单位	××电力设计有限公司	设计资质	二级	
联系人	王××	联系电话	138×××9988	
送审信息				

有关说明：

(1) 110kV 金沙变电站 10kV 沙桥路 10 号杆塔，新建架空线 100m。

(2) 建 10kV 配电室一座，安装 630kVA×1 变压器。

(3) 高低压配电室设备。

(4) 继电保护装置

意向接电时间	××××年××月××日

我户受电工程设计文件已完成，请予审核。

经办人签名：张××

供电企业填写	受理人：唐××	
	受理日期：××××年××月××日	（系统自动生成）

表 4-2   客户受电工程设计文件审查意见单示例

客户受电工程设计文件审查意见单

户　　号	系统自动生成	申请编号	系统自动生成	（档案标识二维码，系统自动生成）
户　　名	×市××机械厂			
用电地址	×市青羊区江安路 288 号			
联系人	张××	联系电话	138×××8877	

审查意见（可附页）：

（1）配电室的出口不够，依据《3~110kV 高压配电装置设计规范》规定，长度大于 7000mm 的配电室，应设置 2 个出口。

（2）依据《民用建筑电气设计规范》，变压器应采用 D，yn11 型。

（3）设计单位应尽快按供电企业要求进行更改，客户应将变更后的设计再送供电企业复核。

（4）客户受电工程的设计文件，未经供电企业审核同意，客户不得据以施工，否则，供电企业将不予检验和接电。

供电企业（盖章）：××供电公司（已盖章）

客户经理	王××	审图日期	××××年××月××日
主　　管	罗××	批准日期	××××年××月××日
客户签收：张××		×市××机械厂（已盖章） ××××年××月××日	
其他说明	特别提醒：用户一旦发生变更，必须重新送审，否则供电企业将不予检验和接电		

表 4-3   客户受电工程变更设计申请联系单示例

客户受电工程变更设计申请联系单

客 户 基 本 信 息			
户　　号	系统自动生成	申请编号	系统自动生成
户　　名	×市××机械厂		
联系人	张××	联系电话	138×××8877

供电公司：

我单位受电工程设计文件以下内容需要进行变更设计,现特提出变更设计申请,主要变更如下。

（1）配电室的出口更改为 2 个。

（2）变压器更改为 D，yn11 型。

客户签名：张××

××××年××月××日

供电企业意见：

设计审查合格，请按图纸施工。

供电企业（盖章）：××供电公司（已盖章）

客户签收（单位盖章）：张×× ×市××机械厂（已盖章）	××××年××月××日
其他说明	特别提醒：用户受电工程的设计文件，未经供电企业审核同意，用户不得据以施工，否则供电企业将不予检验和接电

第二节　重要客户的中间检查

一、中间检查的流程

受理客户中间检查报验申请后，应及时组织开展中间检查。发现缺陷的，应一次性书面通知客户整改。复验合格后方可继续施工。

（1）现场检查前，应提前与客户预约时间，告知检查项目和应配合的工作。

（2）现场检查时，应查验施工企业、试验单位是否符合相关资质要求，重点检查涉及电网安全的隐蔽工程施工工艺、计量相关设备选型等项目。中间检查客户高压配电柜如图4-3所示。中间检查发现电缆沟未封堵如图4-4所示。

图4-3　中间检查客户高压配电柜　　　　图4-4　电缆沟未封堵

（3）对检查发现的问题，应以书面形式一次性告知客户整改。客户整改完毕后报请供电企业复验。复验合格后方可继续施工。

（4）中间检查合格后，以受电工程中间检查意见单书面通知客户。

（5）对未实施中间检查的隐蔽工程，应书面向客户提出返工要求。

中间检查的期限，自接到客户申请之日起，高压供电客户不超过3个工作日。

二、中间检查的表单填写

以××机械厂为例，示范中间检查的表单填写。客户受电工程中间检查报验单示例见表4-4。

表4-4　　　　　　　　客户受电工程中间检查报验单示例

客户受电工程中间检查报验单

客 户 基 本 信 息			
户　号	系统自动生成	申请编号	系统自动生成
户　名	×市××机械厂		（档案标识二维码，系统自动生成）
用电地址	×市青羊区江安路288号		
联系人	张××	联系电话	138×××8877

报 验 信 息	
有关说明：	
	请检查接地系统及隐蔽工程
意向接电时间	××××年××月××日

我户已具备中间检查条件，请予检查。

经办人签名：李××

×市××机械厂（已盖章）

供电企业填写	受理人：唐××	
	受理日期：××××年××月××日（系统自动生成）	

在××机械厂客户现场中间检查发现隐患问题，拍下现场照片，接地标识未涂刷如图 4-5 所示，电缆孔洞未封堵如图 4-6 所示，电缆无路径标识如图 4-7 所示，未使用防火门，未使用防鼠挡板，高压开关柜标识牌设置不准确且不规范如图 4-8 所示。

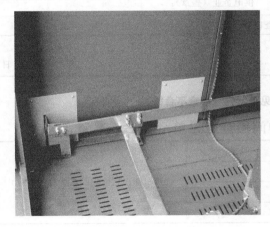

图 4-5　接地标识未涂刷

图 4-6　电缆孔洞未封堵

图 4-7　电缆无路径标识

图 4-8　高压开关柜标识牌设置不准确且不规范

发现隐患后，检查人员向客户开具《客户受电工程中间检查意见单》，示例见表 4-5，一次性告知客户隐患缺陷内容，待客户整改。填写缺陷内容的客户受电工程中间检查意见单见表 4-6。

客户整改后，再次检查，如合格，检查人员向客户开具《客户受电工程中间检查意见单》，通知客户验收合格。合格时的《客户受电工程中间检查意见单》见表 4-5。

表 4-5　　　　　　　　　　客户受电工程中间检查意见单示例（复验合格）

客户受电工程中间检查意见单

户　　号	系统自动生成	申请编号	系统自动生成	（档案标识二维码，系统自动生成）
户　　名	×市××机械厂			
用电地址	×市青羊区江安路 288 号			
联系人	张××	联系电话	138×××8877	

现场检查意见（可附页）：

中间检查合格

供电企业（盖章）：××供电公司（已盖章）

检查人	唐×× 　杨××	检查日期	××××年××月××日

经办人签收：张××

×市××机械厂（已盖章）　　　　　　　　　　××××年××月××日

表 4-6　　　　　　　　　　客户受电工程中间检查意见单示例（检查不合格）

客户受电工程中间检查意见单

户　　号	系统自动生成	申请编号	系统自动生成	（档案标识二维码，系统自动生成）
户　　名	×市××机械厂			
用电地址	×市青羊区江安路 288 号			
联系人	张××	联系电话	138×××8877	

现场检查意见（可附页）：

经过检查，你户需对以下问题进行整改：

（1）接地标识未涂刷。整改为接地体应按规定涂以黄绿相间的标志，黄绿间隔宽度一致，顺序一致。

（2）电缆孔洞未封堵。整改为采用防火材料封堵。

（3）配电房未使用防火门，未使用防鼠挡板，高压开关柜标识牌设置不准确且不规范，高压开关柜标识牌设置不准确且不规范。整改为配电室门更换为防火门，且使用 500mm 高的防小动物挡板，并更换高压开关柜标识牌。

（4）变压器至配电房的电缆无路径标识。

（5）贵单位应尽快按供电企业要求进行更改，客户整改完毕后报请供电企业复验。复验合格后方可继续施工。

供电企业（盖章）：××供电公司（已盖章）

检查人	唐×× 　杨××	检查日期	××××年××月××日

经办人签收：张××

×市××机械厂（已盖章）　　　　　　　　　　××××年××月××日

第三节 竣 工 验 收

一、竣工验收的流程及内容

高压竣工验收

根据国家电网公司业扩报装管理规则第八十七条规定，简化竣工检验内容，重点查验可能影响电网安全运行的接网设备和涉网保护装置，取消客户内部非涉网设备施工质量、运行规章制度、安全措施等竣工检验内容；优化客户报验资料，普通客户实行设计、竣工资料合并报验，一次性提交。

竣工检验分为资料查验和现场查验。

（1）资料查验。在受理客户竣工报验申请时，应审核客户提交的材料是否齐全有效，主要包括：

1）高压客户竣工报验申请表。

2）设计、施工、试验单位资质证书复印件。

3）工程竣工图及说明。

4）电气试验及保护整定调试记录，主要设备的型式试验报告。

（2）现场查验。应与客户预约检验时间，组织开展竣工检验。按照国家、行业标准、规程和客户竣工报验资料，对受电工程涉网部分进行全面检验。对于发现缺陷的，应以受电工程竣工检验意见单的形式，一次性告知客户，复验合格后方可接电。查验内容包括：

1）电源接入方式、受电容量、电气主接线、运行方式、无功补偿、自备电源、计量配置、保护配置等是否符合供电方案。

2）电气设备是否符合国家的政策法规，以及国家、行业等技术标准，是否存在使用国家明令禁止的电气产品。

3）试验项目是否齐全、结论是否合格。

4）计量装置配置和接线是否符合计量规程要求，用电信息采集及负荷控制装置是否配置齐全，是否符合技术规范要求。

5）冲击负荷、非对称负荷及谐波源设备是否采取有效的治理措施。

6）双（多）路电源闭锁装置是否可靠，自备电源管理是否完善、单独接地、投切装置是否符合要求。

7）重要电力用户保安电源容量、切换时间是否满足保安负荷用电需求，非电保安措施及应急预案是否完整有效。

8）供电企业认为必要的其他资料或记录。

竣工检验合格后，应根据现场情况最终核定计费方案和计量方案，记录资产的产权归属信息，告知客户检查结果，并及时办结受电装置接入系统运行的相关手续。变压器、10kV开关柜试验报告单如图4-9所示。

二、高压竣工验收的表单填写

以本书高压案例为例，×市××汽车配件厂申请竣工验收，其客户受电工程竣工报验单示例见表4-7。该客户第一次验收存在缺陷，发现如下问题：变压器接地不规范如图4-10

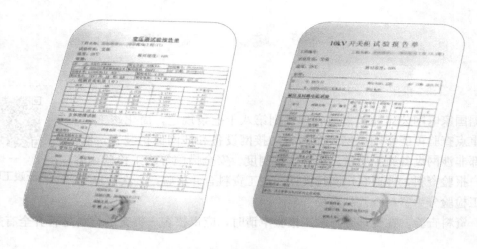

图 4 - 9　变压器、10kV 开关柜试验报告单

所示，绝缘手套无试验合格证如图 4 - 11 所示，工器具未定置摆放如图 4 - 12 所示，低压出线柜电缆封堵不规范如图 4 - 13 所示，验收人员向客户出具《客户受电工程竣工检验意见单》，一次性告知，示例见表 4 - 8。客户按照要求再次申请验收，经检查后验收合格，验收人员向客户出具《客户受电工程竣工检验意见单》（复验合格）见表 4 - 9。

表 4 - 7　　　　　　　　　　　　　客户受电工程竣工报验单示例

客户受电工程竣工报验单

客 户 基 本 信 息			
户　　号	系统自动生成	申请编号	系统自动生成
户　　名	×市××汽车配件厂		（档案标识二维码，系统自动生成）
用电地址	×市青羊区双顺路 180 号		
联系人	李××	联系电话	135×××2014
施 工 单 位 信 息			
施工单位	××电力有限公司	施工资质	二级
联系人	李××	联系电话	135×××1111
报 验 信 息			

有关说明：

我户受电工程已竣工，请予检查。

意向接电时间	××××年××月××日

经办人签名　李××

客户盖章：××汽车配件厂（已盖章）

供电企业 填写	受理人：杨××	
	受理日期：××××年××月××日	（系统自动生成）

图 4-10　变压器接地不规范

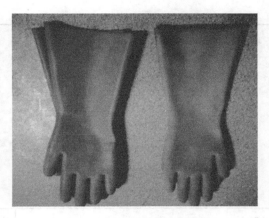

图 4-11　绝缘手套无试验合格证

图 4-12　工器具未定置摆放

图 4-13　低压出线柜电缆封堵不规范

表 4-8　　　　　　　　　客户受电工程竣工检验意见单示例（验收不合格）

客户受电工程竣工检验意见单

户　　号	系统自动生成	申请编号	系统自动生成	（档案标识二维码，系统自动生成）
户　　名	×市××汽车配件厂			
用电地址	×市青羊区双顺路 180 号			
联系人	李××	联系电话	135×××2014	
资料检验		检验结果（合格打"√"，不合格填写不合格具体内容）		
设计、施工、试验单位资质		√		
工程竣工图及说明		√		
主要设备的型式试验报告		√		
电气试验及保护整定调试记录		√		
接地电阻测试报告		√		

现场检验意见（可附页）：

（1）变压器接地不规范（图 4 - 10）。依据《电气装置安装工程接地装置施工及验收规范》，当接地体为扁钢时，其搭接长度为其宽度的 2 倍（且至少 3 个棱边焊接）。

（2）绝缘手套无试验合格证（图 4 - 11）。

（3）所有的工器具应定置摆放（图 4 - 12）。

（4）低压出线柜电缆封堵不规范（图 4 - 13）。

（5）贵单位应尽快按供电企业要求进行更改，客户整改完毕后报请供电企业复验。复验合格后方可接电。

供电企业（盖章）：××供电公司（已盖章）

检验人	杨×× 王××	检验日期	××××年××月××日

经办人签收：李××

××汽车配件厂（已盖章）　　　　　　　　　　　　　　　××××年××月××日

表 4 - 9　　　　　　客户受电工程竣工检验意见单（复验合格）

客户受电工程竣工检验意见单

户　　号	系统自动生成	申请编号	系统自动生成	
户　　名	×市××汽车配件厂		（档案标识二维码，系统自动生成）	
用电地址	×市青羊区双顺路 180 号			
联系人	李××	联系电话	135×××2014	
资料检验		检验结果（合格打"√"，不合格填写不合格具体内容）		
设计、施工、试验单位资质		√		
工程竣工图及说明		√		
主要设备的型式试验报告		√		
电气试验及保护整定调试记录		√		
接地电阻测试报告		√		

现场检验意见（可附页）：

验收合格，具备送电条件。

供电企业（盖章）：××供电公司（已盖章）

检验人	杨×× 王××	检验日期	××××年××月××日 （系统自动生成）

经办人签收：张××

×市××机械厂（已盖章）　　　　　　　　　　　　　　　××××年××月××日

三、低压竣工验收的表单填写

本书低压案例中的××超市，其低压客户受电工程竣工检验意见单见表4-10。

表4-10 　　　　　　　低压客户受电工程竣工检验意见单

低压客户受电工程竣工检验意见单

客 户 基 本 信 息			
户　　号	系统自动生成	申请编号	系统自动生成
户　　名	××超市		
联系人	李××	联系电话	135×××6006
供电电压	380V	合同容量	28kW
用电类别	商业用电	行业分类	零售
用电地址	×市青羊区精城路55号		

（档案标识二维码，系统自动生成）

现 场 检 验 信 息			
设计单位名称	/	资质	/
施工单位名称	/	资质	/
报验人	刘××	报验日期	××××年××月××日

现场检验意见（可附页）：

验收合格，具备送电条件。

供电企业（盖章）：××供电公司（已盖章）

检验人员	杨×× 　王××	检验日期	××××年××月××日（系统自动生成）

经办人签收：李××

　　　　××超市（已盖章）　　　　　　　　　　　　　　　　××××年××月××日

第五章 供用电合同的拟订与签订

制定完供电方案，并答复客户后，就可以拟订供用电合同，并根据相关流程完成合同签订工作。

第一节 供用电合同的相关知识

一、供用电合同的概念

《中华人民共和国合同法》第一百七十六条规定：供用电合同是供电人向用电人供电，用电人支付电费的合同。供用电合同明确了供用电双方在供用电关系中的权利与义务，是双方结算电费的法律依据。

供用电合同的主要特征是：

(1) 供用电合同是根据客户的用电需要和电网的供电能力订立的。

(2) 供用电合同的供电一方当事人是法定的供电企业。

(3) 供用电合同的标的物是电能，它区别于其他经济合同的标的物。

(4) 供用电合同是一种连续的经济合同。

(5) 供用电合同是有免除责任的经济合同。

(6) 供用电合同违约责任形式是法定限额赔偿责任，是按实际损失的电量和相应的电价进行赔偿的经济合同，而不是按实际损失进行赔偿。

(7) 供用电合同是规定有特殊义务的经济合同，如电能质量上的连带关系在其他经济合同中是不多见的。

供用电合同包含供电企业与电力客户就电力供应与使用签订的合同书、协议书、意向书及具有合同性质的函、意见、承诺、答复等。如并网调度协议、电费电价结算协议、错避峰用电协议及客户资产移交或委托维护协议等。

二、供用电合同的分类

根据供电方式和用电需求的不同，供用电合同分为高压供用电合同、低压供用电合同、临时供用电合同、趸购电合同、委托转供电协议和居民供用电合同六种形式。

(1) 高压供用电合同：适用于供电电压为 10kV（含 6kV）及以上的高压电力客户。

(2) 低压供用电合同：适用于供电电压为 380/220V 低压普通电力客户及非居民、商业照明客户，采用背书合同方式。

(3) 临时供用电合同：适用于用电时间较短，非永久性用电的客户。如基建工地、农田水利、市政建设、抢险救灾等临时性用电。

（4）趸购电合同：适用于供电人与趸购转售电人之间就趸购转售电事宜签订的供用电合同。

（5）委托转供电协议：适用于公用供电设施尚未到达的地区，为解决公用供电设施尚未到达的地区用电人的用电问题，供电人在征得该地区有供电能力的用电人（委托转供人）的同意，委托其向附近的用电人（转供用电人）供电。供电人与委托转供人应就委托转供电事宜签订委托转供电合同，委托转供电合同是双方签订供用电合同的重要附件。供电人与转供用电人之间同时应签订供用电合同。转供用电人与其他用电人一样，享有同等的权利和义务。

（6）居民供用电合同：适用于一般居民照明客户，新客户采用背书合同方式；已改造完成的客户采用其他协议书方式。用电人申请用电时，供电人应提请申请人阅读（对不能阅读合同的申请人，供电人应协助其阅读）后，由申请人签字（盖章）合同成立。

三、供用电合同的基本内容

供用电合同的基本内容有：
（1）当事人双方的法定名称、住所。
（2）供电方式、供电质量和供电时间。
（3）用电容量和用电地址、用电性质。
（4）计量方式和电价、电费结算方式。
（5）合同的履行地点。
（6）供用电设施维护责任的划分。
（7）合同的有效期限。
（8）违约责任。
（9）争议的解决方式。
（10）双方共同认为应当约定的其他条款。

完整的供用电合同还应有相关术语及其说明部分。供用电合同的起草严格按照统一合同文本的条款格式进行。如需变更，应在"特别约定"条款中进行约定。

四、供用电合同的有效期

供用电合同在具备合同约定条件和达到合同约定时间后生效。书面供用电合同期限为：
（1）高压用户不超过 5 年。
（2）低压用户不超过 10 年。
（3）临时用户不超过 3 年。
（4）委托转供电用户不超过 4 年。

第二节　高压供用电合同的拟订

根据公司下发的统一供用电合同文本，与客户协商，以答复的供电方案为基础拟订合同内容，形成合同文本初稿及附件。拟定前，在系统里根据客户类型，选择高压供用电合同范本。

一、合同的封面

合同封面如图5-1所示，信息包括"合同编号""供电人""用电人""签订日期""签订地点"。

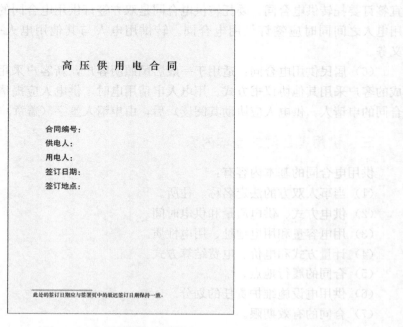

高压供用电合同

合同编号：
供电人：
用电人：
签订日期：
签订地点：

此处的签订日期应与签署页中的最迟签订日期保持一致。

图5-1 高压供用电合同封面

特别注意，供用电合同编号应符合公司合同编号规则，"供电人"处填写供电单位名称，供电人应为具有法人资格的主体，"用电人"处填写用电单位名称，与用户的户名一致。应注意填写完整、无错别字。此处的签订日期应与签署页中的最迟签订日期保持一致。

二、供用电基本情况

1. 用电地址

这里要正确录入客户用电地址。它应为用电设备实际的用电地址，与法定地址可以不一致。

2. 用电性质

在用电性质这一条里，需要录入"行业分类""用电分类""负荷特性"相关信息。

行业分类参考业务受理时填写的《高压客户用电登记表》中"行业"这一栏的信息。

"用电分类"按供电方案中的计费方案，对客户执行的电价类别进行说明。客户有几类电价，都需要一一填写。

"负荷性质"分为重要负荷和一般负荷。建议重要负荷包含一、二级负荷，一般负荷均为三级负荷；也可直接按一级负荷、二级负荷、三级负荷进行分类。负荷时间特性分为连续性负荷和可间断负荷。

"负荷等级"根据供电方案和用户设备情况填写一级负荷、二级负荷、三级负荷。

【案例解析】

用户用电地址

用电人用电地址位于：×市青羊区双顺路 180 号。

用户用电性质

2.1 行业分类：汽车零部件及配件制造。

2.2 用电分类：大工业、非居民照明、__/__。

2.3 负荷特性

(1) 负荷性质：一般负荷。

(2) 负荷时间特性：可间断负荷。

2.4 负荷等级：

(1) ____车床____ 设备为____三____级负荷。

(2) ____铣床____ 设备为____三____级负荷。

(3) ____刨床____ 设备为____三____级负荷。

(4) ____镗床____ 设备为____三____级负荷。

(5) ____淬火炉____ 设备为____三____级负荷。

3. 用电容量

用电容量用于核定用电人的用电能力。用电容量是指受电变压器容量及不经过受电变压器直接接入电网用电的电器设备容量的总和。对用电性质属于工业用电的，其用电容量是核定用电人是执行单一制普通工业电价，还是执行两部制大工业电价的重要依据。

对于用电人是否执行功率因数调整、功率因数调整考核标准是多少，是否执行丰枯、峰谷电价，用电容量也是其核定的重要依据之一。

根据答复客户的供电方案填写合同里的用电容量。

注意：同一受电装置不论有几个回路或几个电源，都视为一个受电点。用电人有几个设在不同地点的受电装置即视为有几个受电点。

【案例解析】

用户用电容量：

用电人共有_一_个受电点，用电容量630 千伏安，自备发电容量_/_千伏安。

_一_受电点有受电变压器_1_台。其中，630 千伏安变压器_1_台，_/_千伏安变压器__/__台，共计__/__千伏安。（多台变压器时）运行方式为__/__，_/_台容量为__/__千伏安的受电变压器为__/__（冷/热）备用状态。

4. 供电方式

供电方式是供电人向用电人供应电能的途径和方法，包括供电电压等级、供电电源频率、供电电源的具体供出点。

具体供电点应详细注明供电变电站名称、供电开关编号、供电线路名称、下线杆杆塔的编号。线路应注明是架空线还是电缆线，双方商定的供电容量。双（多）电源供电的，应按线路逐一叙述，同时应明确主供电源、备用电源。

根据答复的供电方案，填写电源数量、回路数量。

合同上的第一路电源为主供电源。

如果有备用电源或保安电源，需填写第二路电源信息。保安电源供电电源必须满足独立电源的要求。对有自备电厂（发电机）的用电人，原则上保安电源应由用电人自行承担。用电人应采取电或非电保安措施，确保安全供用电，且应在约定条款及违约责任条款中进行相应约定。

如果客户还有其他电源，则在范本上自行添加该路电源信息。

在填写电源信息时，如果是专线供电，应填明供电变电站名称、出线开关名称及编号，线路属性（架空线或电缆线，导线型号等）、供电容量等信息。供电变电站名称、出线开关名称及编号应使用调度名称及编号。如果是公用线供电则应填写供电线路调度名称、编号、"T"接杆号，线路属性，供电容量等信息。线路属性是计算损耗等的依据。填写示例如下。

（1）专用线路供电（第一路电源）。

电源性质：<u>主供</u>（主供/冷备用/热备用）。

供电人由<u>110kV××变（配）</u>电站，以__35__千伏电压，经出口506号开关送出的<u>架空线</u>（架空线/电缆）<u>专用</u>（专用/公用）线路，向用电人<u>一</u>受电点供电。

（2）专用线路供电、环网柜（第一路电源）。

电源性质：<u>主供</u>。

供电人由110kV××变电站，以10千伏电压，经出口932号出线间隔送出的<u>专用线路</u>，经<u>10kV××路××环网柜第一出线间隔</u>向用电人一受电点供电。

（3）公用线路供电（第一路电源）。

电源性质：<u>主供</u>。

供电人由<u>110kV××</u>变电站，以__10__千伏电压，经<u>10kV××路24号杆</u>，向用电人一受电点供电。

在选择多路供电电源的联络及闭锁方式时，应注意：保安电源必须使用机械闭锁。

【案例解析】

供电人向用电人提供单电源、单回路三相交流50Hz电源。

电源性质：（主供/冷备用/热备用）。

供电人由<u>110kV金沙变（配）</u>电站/开闭站，以__10__千伏电压，经出口<u>10kV沙桥路支线10号杆</u>开关送出的<u>架空线</u>（架空线/电缆）专用/公用线路，向用电人<u>一</u>受电点供电。

5. 自备应急电源及非电保安措施

填写依据仍然是供电方案。同时还应根据客户重要用电设备的情况，制定非电保安措施。常见的非电保安措施有紧急关闭管道阀门、水塔喷水、有序组织疏散人员等。

【案例解析】

用电人自备下列电源作为保安负荷的应急电源：

（1）用电人自备发电机__/__千伏安。

（2）不间断电源（UPS/EPS）__/__千伏安。

（3）自备应急电源与电网电源之间装设可靠的电气/机械闭锁装置。

用电人按照行业性质应当采取以下非电保安措施：

（1）　　　　　　有序组织疏散人群　　　　　　。

（2）　　　　　　　　　／　　　　　　　　　　。

6. 无功补偿及功率因数

用电人无功补偿是否按用电人负荷情况进行自动投切，是否执行力率奖励的依据，应根据供电方案中计算或确定的无功补偿容量填写。高峰期间应达到的功率因数为100千伏安及以上高压供电的用户功率因数为0.90以上。其他电力用户中大、中型电力排灌站、趸购转售电企业，功率因数为0.85以上。农业用电，功率因数为0.80（参照《供电营业规则》）。

【案例解析】

用电人无功补偿装置总容量为　38.51　千乏，功率因数在电网高峰时段应达值最低为　0.9　。

7. 产权分界点及责任划分

在填写产权分界点时，应按照供电方案相关内容填写。

【案例解析】

供用电设施产权分界点为：

（1）110kV金沙变电站10kV沙桥路支线10号杆塔，T接点向负荷侧20cm处，T接点属供电人。

（2）　　　　　　　　　　　　／　　　　　　　　　　　　　。

8. 用电计量

此部分需要填写的内容包括有：

（1）计量点设置及计量方式。具体填写每一个计量点的计量装置装设位置、计量类别、计量方式。计量装置装设位置，如果是专线供电，计量装置一般装设在××变电站××号用电人专用间隔（开关柜）内，如果是公用线路供电，则一般装设在用户侧受电端处，客户分表低压计量装置则装设在用电人低压配电室低压配电盘内处。

（2）变压器损耗和线路损耗的计算方式。如果是高供高计客户，则不计变压器损耗；如果是高供低计客户，则需要计入变压器损耗；线路损耗则是对于专线供电客户不在产权分界点安装计量装置且计量装置离产权分界点超过一定距离时才计入。

（3）未分别计量的电量认定。一般对于不同电价类别都应分别安装计量装置计量。部分地区供电企业可根据实际情况进行短期的按比例分配电量方式计量。

（4）计量装置参数及总分表关系。填写各类计量装置的配置情况。

以上部分内容应参照供电方案中的计量方案逐一填写。注意，"高供高计"应写为"高压侧计量"，"高供低计"应写为"高压侧加低压侧混合计量"。

【案例解析】

（1）计量点1：计量装置装设在用电人高压配电室开关柜内处，记录数据作为用电人大工业（类别）用电量的计量依据，计量方式为高压侧计量。

（2）计量点2：计量装置装设在用电人低压配电室低压配电盘内处，记录数据作为用电人非居民照明（类别）用电量的计量依据，计量方式为高压侧加低压侧混合计量。

计量点计量装置见表5-1。

表 5 - 1   计量点计量装置

计量点	计量设备名称	计算倍率	备注（总分表、主副表关系）
1	智能电能表 DSZ71，3×100V，3×1.5（6）A， 有功 0.5S 级，无功 2.0 级	400	总表
	电压互感器 JSJ—10，10/0.1V，0.5 级	/	/
	电流互感器 LQG—10，50/5A，0.5s 级	/	/
2	智能电能表 DTZ719，3×220/380V，3×10（40）A， 无功 2.0 级，有功 1.0 级	1	分表

9. 电量的抄录和计算

此部分需要填写抄表周期、抄表例日、抄表方式。抄表周期一般为一月，供电企业固定高压用户抄表例日，但对月用电量较大的用户，可以分为一月多次抄表，具体时间和次数由供电企业和用户协商。

对于抄表方式，在用电信息采集系统全面建设覆盖后，以"用电信息采集装置自动抄录方式"为主。

10. 电价、电费

需要填写基本电费的计收方式及计收容量。同时还应填写考核功率因数。以上信息参照供电方案填写。

11. 电费支付及结算

这里主要需要明确每月电费结算方式。对用电量较大的客户、临时用电客户、租赁经营客户及交纳电费信用等级较差的客户，应根据电费收缴风险程度，实行每月多次抄表，并按国家有关规定或合同约定实行预收或分次结算电费。除居民客户、小的商业客户外的其他用电人建议另行签订电费结算协议，明确电费结算的具体事项。

供用电双方也可参照《电费结算协议》的格式另行订立电费结算协议，作为合同的附件。

【案例解析】

抄表周期为月，抄表例日为25日。供电人可以单方调整抄表周期和抄表例日，但须通知用电人。

抄表方式：用电信息采集装置自动抄录方式。

电费计算：

（1）电度电费。按用电人各用电类别结算电量乘以对应的电度电价。

（2）基本电费。用电人的基本电费选择按变压器容量（变压器容量/最大需量）方式计算，一个季度为一个选择周期。按变压器容量计收基本电费的，基本电费计算容量为630千伏安（含不通过变压器供电的高压电动机）。

按最大需量计算的，按照双方协议确定最大需量核定值___/___千瓦，该数值不得低于用电人受电变压器总容量（含不通过变压器供电的高压电动机）的40%，并不得高于其供电总容量（两路及以上进线的用户应分别确定最大需量值）。实际最大需量在核定值的105%及以下的，按核定值计算；实际最大需量超过核定值105%的，超过部分的基本电费加一倍收取。用电人可根据用电需求情况，提前半月申请变更下月的合同最大需量，但前后两次变更申请的间隔不得少于六个月。

基本电费按月计收，对新装、增容、变更和终止用电当月基本电费按实际用电天数计收（不足 24 小时的按 1 天计算），每日按全月基本电费的 1/30 计算。

用电人减容、暂停和恢复用电按《供电营业规则》有关规定办理。事故停电、检修停电、计划限电不扣减基本电费。

（3）功率因数调整电费。根据国家《功率因数调整电费办法》的规定，功率因数调整电费的考核标准为 0.9，相关电费计算按规定执行。

（4）用户自备电厂的系统备用容量费、自发自用电量收费按国家政策规定执行。

（5）电费支付及结算。双方可参照《电费结算协议》（附件三）的格式另行订立电费结算协议，作为本合同的附件。

三、双方的义务

合同中对于供用电双方的义务是以格式条款出现的。无需修改或填写。双方的义务包括：

（1）供电人的义务，具体有电能质量、连续供电、中止供电程序、越界操作、禁止行为、事故抢修、信息提供、信息保密。

（2）用电人的义务，具体有交付电费、保安措施、受电设施合格、受电设施及自备应急电源管理、保护的整定与配合、无功补偿保证、电能质量共担、有关事项的通知、配合事项、越界操作、禁止行为、减少损失。

四、合同变更、转让和终止

合同变更、转让和终止说明也是以格式条款出现的。此部分内容包括了合同变更条件、变更程序、合同转让的规定及合同终止的适用情形。

五、违约责任

违约责任对供电人违约责任和用电人违约责任做了相应的规定，也是统一格式条款。

六、附则

附则的主要内容有供电时间、合同效力、调度通讯、争议解决、通知及同意、文本和附件、提示和说明、特别约定等。

合同效力需要填写合同的有效期起止时间。高压供电合同有效期不超过五年。

调度通讯则是填写业务联系人、电气联系人、财务联系人的联系方式。

争议解决是填写发生合同纠纷时的解决方式。

通知及同意是填写双方通知时的通信地址。

文本和附件则规定了双方正式合同文本及副本的数量，根据实际情况填写。合同附件包括术语定义，供电接线及产权分界示意图，电费结算协议，合同事项变更确认书，修改协议，变更协议，续签协议，解除协议，并网协议，供电设施代维护协议，产权分界协议，电费担保合同，履约凭证和记录，对方的资质证明材料。经双方同意的有关修改合同的文书、电报、信件等也应作为供用电合同的附件。

特别约定部分填写修改或补充条款。对统一合同文本的任何修改或补充，均应在本条

"特别约定"中约定。如需修改时，应明确被修改的具体条款，示例："将第三十二条修改为：……"；如需补充时，应订立补充条款，示例："增加以下条款：……"。

【案例解析】

合同效力

本合同经双方签署并加盖公章或合同专用章后成立。合同有效期为___五___年，自2018年08月14日起至2023年08月13日止。合同有效期届满，双方均未提出书面异议的，继续履行，有效期按本合同有效期限重复续展。

调度通讯

（1）按照双方签订的调度协议执行。

（2）用电人联系电话：

1）用电业务联系人___王××___，电话158×××× 1717，调度电话028-81×××× 12。

2）电气联系人___李××___，电话135×××× 2014。

3）财务联系人___杨××___，电话135×××× 4586。

争议解决

（1）双方发生争议时，应首先通过友好协商解决。协商不成的，可采取提请行政主管机关调解、向仲裁机构申请仲裁或向有管辖权法院提起诉讼等方式予以解决。调解程序并非仲裁、诉讼的必经程序。

（2）若争议经协商和（或）调解仍无法解决，按以下第（2）种方式处理：

1）仲裁。提交___/___仲裁，按照申请仲裁时该仲裁机构有效的仲裁规则进行仲裁。仲裁裁决是终局的，对双方均有约束力。

2）诉讼。向供电人所在地人民法院提起诉讼。

文本和附件

（1）本合同一式___捌___份，供电人持___肆___份，用电人持___肆___份，具有同等法律效力。

（2）双方按供用电业务流程所形成的申请、批复等书面资料均作为本合同附件，与合同正文具有相同效力。

（3）本合同附件包括：

1）附件1术语定义。

2）附件2供电接线及产权分界示意图。

3）附件3电费结算协议。

4）附件4合同事项变更确认书。

5）供用电人双方法人授权委托书、供用电人双方营业执照复印件、供用电人双方法人身份证明文件复印件。

七、签署页信息

签署页主要需要填写供电人、用电人双方的单位名称（盖章）、法定代表人签字盖章、签订日期、联系地址、邮编、联系人、电话、传真、开户银行、账号、税号等。

特别注意，签订的供用电合同均应经法定代表人（负责人）或授权委托代理人签字，并加盖"供用电合同专用章"，所有供用电合同应加盖合同骑缝章。供用电合同专用章由负责经济法律工作的部门授权供用电业务相关部门使用。

【案例解析】

签署页

供电人：××供电公司	用电人：××市××汽车配件厂
（盖章）已签章	（盖章）已签章
法定代表人（负责人）或	法定代表人（负责人）或
授权代表（签字）：××	授权代表（签字）：××
签订日期：××××年××月××日	签订日期：××××年××月××日
地址：××	地址：×市青羊区双顺路 180 号
邮编：××	邮编：××
联系人：××	联系人：王××
电话：××	电话：158×××1717
传真：/	传真：/
开户银行：中国工商银行高新支行	开户银行：农行金牛支行营业部
账号：6200×××××××41022	账号：6122×××××××45685
税号：201×××90	税号：5101201×××0112

高压供用电合同

第三节　低压供用电合同的拟订

根据公司下发的统一供用电合同文本，与客户协商，以答复的供电方案为基础拟订合同内容，形成合同文本初稿及附件。拟定前，在系统里根据客户类型，选择低压供用电合同范本。

一、合同的封面

合同封面如图 5-2 所示，信息包括"合同编号""供电人""用电人""签订日期""签订地点"。

低 压 供 用 电 合 同

合同编号：
供电人：
用电人：
签订日期：
签订地点：

图 5-2　低压供用电合同封面

填写的要求与高压供电合同的封面填写要求一致。

二、用电地址、用电性质和用电容量

1. 用电地址

这里要正确录入客户用电地址。它应为用电设备实际的用电地址，与法定地址可以不一致。

2. 用电性质

在用电性质这一条里，需要录入"行业分类""用电分类"。

行业分类参考业务受理时填写的《低压客户用电登记表》中"行业"这一栏的信息。

"用电分类"按供电方案中的计费方案，对客户执行的电价类别进行说明。客户有几类电价，都需要一一填写。

3. 合同约定容量

此处填写的是用电人最大用电容量，千伏安等同于千瓦。

【案例解析】

用电地址：＿＿×× 市青羊区精城路 55 号＿＿。

用电性质

（1）行业分类：＿＿＿＿综合零售＿＿＿＿。

（2）用电分类：＿＿＿＿商业＿＿＿＿＿。

合同约定容量为＿28＿千伏安，该容量为用电人最大用电容量。

三、供电方式

1. 供电变压器及自备电源

低压供电合同的供电方式填写向客户供电的公用变压器名称。根据客户情况，填写自备电源容量及闭锁方式和不间断电源信息。

2. 产权分界点

同时还需要在此部分明确产权分界点及责任划分。按照低压供电方案中明确的产权分界点填写。并在附件《供电接线及产权分界示意图》中用图形明确标示。

【案例解析】

供电人向用电人提供 380V/220V 交流 50Hz 电源，经以下变压器向用电人供电：110kV 金沙变电站（237）沙桥路双清北路公变台区公用变压器。

供用电设施产权分界点为：110kV 金沙变电站（237）沙桥路双清北路公变台区 05 表箱。

四、用电计量

此部分需要填写的内容包括有：

（1）计量点设置及计量方式，具体填写每一个计量点的计量装置装设位置、计量类别、计量方式。计量装置装设位置，低压客户计量装置应安装在由供电企业加封的低压计量箱（柜）内。

（2）未分别计量的电量认定，一般对于不同电价类别都应分别安装计量装置计量。部分地区供电企业可根据实际情况进行短期的按比例分配电量方式计量。

（3）计量装置参数及总分表关系，填写各类计量装置的配置情况。

以上部分内容应参照供电方案中的计量方案逐一填写。

【案例解析】

计量装置装设在110kV金沙变电站（237）沙桥路双清北路公变台区05表箱处，为总表，记录数据作为用电人商业用电类别用电量的计量依据。

计量点计量装置如下：

计量点	计量设备名称	计算倍率	备注（总分表、主副表关系）
1	智能电表DTZ71，3×220/380V，3×15（60）A，有功1.0级，无功2.0级	1	总表

五、电价及电费结算

如果该用户属于功率因数考核范围，则需要填写功率因数考核标准，具体可以参考本章第二节高压供用电合同的拟定中对功率因数考核标准的说明。

同时需要明确抄表周期、抄表例日、抄表方式。低压客户的抄表方式仍然以用电信息采集装置方式抄录为主。

每月电费结算方式与客户协商，如采用预购电方式，则本处不填写，需另行签订《电费结算协议》，作为合同的附件。

【案例解析】

电价按照政府主管部门批准的电价执行，根据调价政策规定进行调整。

根据国家《功率因数调整电费办法》的规定，功率因数调整电费的考核标准为　0.85　，相关电费计算按规定执行。

抄表周期为　月　，抄表例日为　25日　。供电人可以单方调整抄表周期和抄表例日，但须通知用电人。

抄表方式：采用用电信息采集装置方式抄录。

采用用电信息采集装置抄表的，其自动抄录的数据作为电度电费结算依据，当装置故障时，依人工抄录数据为准。

六、格式条款部分

合同中以格式条款出现的有计量失准及异议处理规则、供电质量、连续供电、中止供电程序、配合事项、质量共担、供电人不得实施的行为、用电人不得实施的行为、供电人的违约责任、用电人的违约责任。

七、合同的生效、转让及变更

合同生效部分需要填写合同的有效期起止时间。低压供电合同有效期不超过十年。

【案例解析】

本合同经双方签署并加盖公章或合同专用章后成立。合同有效期为　十　年，自2018年08月14日　起至2028年08月13日　止。合同有效期届满，双方均未提出书面异议的，继续履行，有效期按本合同有效期限重复续展。

八、争议解决

此部分是填写发生合同纠纷时的解决方式。

【案例解析】

若争议经协商和（或）调解仍无法解决的向 供电人 所在地人民法院提起诉讼。

九、通讯

通讯部分是填写业务联系人、电气联系人、财务联系人的联系方式。

【案例解析】

用电人联系电话

（1）用电业务联系人＿李××＿，电话＿158×××3755＿，调度电话＿／＿。

（2）电气联系人＿李××＿，电话＿158×××3755＿。

（3）财务联系人＿李××＿，电话＿158×××3755＿。联系方式＿／＿。

十、附则

附则规定了双方正式合同文本及副本的数量，根据实际情况填写。合同附件包括术语定义、供电接线及产权分界示意图、电费结算协议、合同事项变更确认书、修改协议、变更协议、续签协议、解除协议、并网协议、供电设施代维护协议、产权分界协议、电费担保合同、履约凭证和记录、对方的资质证明材料。经双方同意的有关修改合同的文书、电报、信件等也应作为供用电合同的附件。

【案例解析】

本合同正本一式＿肆＿份，供电人执＿贰＿份，用电人执＿贰＿份，具有同等法律效力。

合同签署前，双方按供用电业务流程所形成的申请、批复等书面资料，为合同附件，与合同正文具有同等效力。

本合同附件包括：

（1）附件1术语定义。

（2）附件2供电接线及产权分界示意图。

（3）附件3合同事项变更确认书。

（4）供用电人双方法人授权委托书、供用电人双方营业执照复印件、供用电人双方法人身份证明文件复印件、电费结算协议。

双方是在完全清楚、自愿的基础上签订本合同。

十一、特别约定

特别约定部分填写修改或补充条款。对统一合同文本的任何修改或补充，均应在本条"特别约定"中约定。如需修改时，应明确被修改的具体条款，示例："将第三十二条修改为：……"；如需补充时，应订立补充条款，示例："增加以下条款：……"。

十二、签署页

签署页主要需要填写供电人、用电人双方的单位名称（盖章）、法定代表人签字盖章、签订日期、联系地址、邮编、联系人、电话、传真、开户银行、账号、税号等。

特别注意，签订的供用电合同均应经法定代表人（负责人）或授权委托代理人签字，并加盖"供用电合同专用章"，所有供用电合同应加盖合同骑缝章。供用电合同专用章由负责经济法律工作的部门授权供用电业务相关部门使用。

【案例解析】

签署页

供电人：××供电公司	用电人：××超市
（盖章）已签章	（盖章）已签章
法定代表人（负责人）或	法定代表人（负责人）或
授权代表（签字）：××	授权代表（签字）：李××
签订日期：××××年××月××日	签订日期：××××年××月××日
地址：××	地址：×市青羊区精诚路 55 号
邮编：××	邮编：××
联系人：××	联系人：李××
电话：××	电话：158×××3755
传真：／	传真：／
开户银行：中国工商银行高新支行	开户银行：农行金牛支行营业部
账号：6200×××××××41022	账号：6122×××××××45622
税号：201×××90	税号：5101201×××01747

低压供用电合同

第四节　供用电合同的签订

一、签订供用电合同的法律依据

《中华人民共和国合同法》规定：供用电合同是供电人向用电人供电，用电人支付电费的合同。

《中华人民共和国电力法》规定：电力供应与使用双方应当根据平等自愿、协商一致的原则，按照国务院制订的《电力供应与使用条例》签订供用电合同，确定双方的权利和义务。

《电力供应与使用条例》规定：供电企业和用户应当在供电前根据用户需要和供电企业的供电能力签订供用电合同。

《供电营业规则》规定：供电企业和用户应当在正式供电前，根据用户用电需求和供电企业的供电能力以及办理用电申请时双方已认可或协商一致的下列文件，签订供用电合同：

（1）用户的用电申请报告或用电申请书。

（2）新建项目立项前双方签订的供电意向性协议。

（3）供电企业批复的供电方案。

（4）用户受电装置施工竣工检验报告。

（5）用电计量装置安装完工报告。

（6）供电设施运行维护管理协议。

（7）客户法人营业执照副本复印件。

（8）《供用电合同》若非客户法人签字，还需持有法人授权委托书。

（9）有并网自备发电机的客户事先与供电企业用电签订《自备发电机并网协议》。

（10）其他双方事先约定的有关文件。

对用电量大的用户或供电有特殊要求的用户，在签订供用电合同时，可单独签订电费结算协议和电力调度协议等。附件或补充协议与供用电合同具有同等效力，但在经济关系上，不能违背供用电合同原则。

二、供用电合同签约的合法当事人

供用电合同签约的合法当事人是供电人和用电人。

供电人是指具有国家行政许可部门核发的《供电营业许可证》《供电业务许可证》、工商行政部门核发的《营业执照》或《企业法人营业执照》的供电企业。

用电人是指使用电网电力或需要电网提供生产备用、保安电源的发电厂、热电厂、水电站等的合法电力客户。

三、供用电合同的履行

签订供用电合同的目的是为了履行合同，通过当事人履行合同，达到用电人从供电人处获取电能满足生产或消费需求，供电人从用电人处收取电费，实现劳动价值。供用电合同实践表明，当事人违反合同条款应承担违约责任，当事人对合同条款产生争议，在合同履行过程中，都是难以避免的。供用电纠纷常见有计量纠纷、价格纠纷、违约供用电纠纷等。解决合同纠纷的途径主要有协商、调解、仲裁、诉讼等。供用电双方在合同中可就争议解决方式及管辖机构或管辖地予以约定。

四、供用电合同的有效要件及无效合同

合同有效必须遵循下述两项原则：

（1）订立供用电合同，必须遵守国家的法律，必须符合国家政策和计划的要求。任何单位和个人不得利用合同进行违法活动、扰乱经济秩序、破坏国家计划、损害国家利益或社会公共利益牟取非法收入。

（2）订立供用电合同必须贯彻平等互利、协商一致、等价有偿的原则，任何一方不得把自己的意志强加给对方，任何单位和个人不得非法干预。

下述各项合同，皆为无效合同：

（1）违反法律和国家政策、计划的合同。

（2）采取欺诈、胁迫等手段签订的合同。

（3）代理人超越代理权限签订的合同。

（4）违反国家利益或社会公共利益的合同。

五、供用电合同的签订流程

1. 高压、低压供用电合同的签订流程

高压、低压供用电合同签订的业务流程如图 5-3 所示。

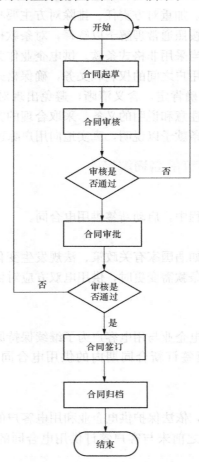

图 5-3　高压、低压供用电合同签订的业务流程

2. 签订的注意事项

（1）供用电合同签订前应详细了解对方的主体资格、资信情况、履约能力。用户的主体资格应保证用户具有民事权利能力和民事行为能力。如果是个人，必须与其身份证上的名称一致；如果是机关或事业单位，必须与其成立文件上的名称一致；如果是企业单位，必须与其企业法人营业执照或营业执照上的名称一致。应确保供用电合同中确定的用户是实际的用户。对方资信情况不明的，应要求提供有效担保，并对担保人主体资格进行审查，确定担保范围、责任期限、担保方式等内容。

（2）供用电合同的签订应严格履行审批流程。对供电方案的经济性、可行性、安全性以及核定的电价，签约人员必须认真审查。

（3）供用电合同在签约过程中，供电企业必须履行提请注意和异议答复程序；对电力用户书面提出的异议，供电企业必须书面答复，并留有相应的答复记录。

（4）供用电合同的签署时间。供用电合同应尽量在受电设施竣工验收手续办理完备后签署，以降低供电企业的法律风险；同时，也应在正式送电前签署完毕。

（5）对于格式条款，提供方有提醒对方注意的义务，应对方要求对格式条款予以说明；提供格式条款一方免除其责任、加重对方责任、排除对方主要权利的，该条款无效；当格式条款的解释出现争议时，应当按照通常理解予以解释，对条款提供者做不利的解释，格式条款和非格式条款不一致的，应当采用非格式条款。供电企业作为提供格式合同的一方，应当遵循公平原则确定供电企业与用户之间的权利和义务，确保格式条款必须实质公平，供电企业要确保合同中的每一条款明确肯定，含义清晰，避免出现对格式条款存在两种以上的解释，供电企业应认真履行提请注意和说明的义务，采取合理的方式提请对方注意免除或者限制责任的条款，必要时对相关条款予以说明，真实地向用户陈述与合同有关的情况。

六、关于供用电合同签订的名词解释

1. 供用电合同新签

受理客户新装用电业务过程中，启动新签供用电合同。

2. 供用电合同变更

在供用电合同有效期内，如遇国家有关政策、法规发生变化，或客户与供电企业发生变更用电业务，涉及供用电合同条款需变更时，供用电双方应对供用电合同相应条款进行变更的行为。

3. 供用电合同续签

在供用电合同到期时，供电企业与用电客户为了继续保持原有的供用电关系，双方在原合同条款内容的基础上，继续签订新合同期内的供用电合同，保持其有效性和合法性的行为。

4. 供用电合同补签

为维护正常的供用电秩序，依法保护供电企业和用电客户的合法权益，对已经正式供电立户的客户，供电企业在供电之前未与客户签订供用电合同的，与客户补签供用电合同的行为。

5. 供用电合同终止

在供用电合同有效期满，客户与供电企业解除供用电关系，终止供用电合同的行为。

第六章 装表接电及信息归档

第一节 装 表 接 电

一、装表接电工作规范

1. 送电前准备

（1）电能计量装置和用电信息采集终端的安装应与客户受电工程施工同步进行，送电前完成。

高压装表接电

1）现场安装前，应根据供电方案、设计文件确认安装条件，并提前与客户预约装表时间。

2）采集终端、电能计量装置安装结束后，应核对装置编号、电能表起度及变比等重要信息，及时加装封印，记录现场安装信息、计量印证使用信息，请客户签字确认。

（2）根据客户意向接电时间及施工进度，营销部门提前在营销业务应用系统录入意向接电时间等信息，并推送至 PMS 系统。在停（送）电计划批复发布后，运检部门通过 PMS 系统反馈至营销业务应用系统。根据现场作业条件，优先采用不停电作业。35kV 及以上业扩项目，实行月度计划，10kV 及以下业扩项目，推行周计划管理。

对于已确定停（送）电时间，因客户原因未实施停（送）电的项目，营销部门负责与客户确定接电时间调整安排，重新报送停（送）电计划；因天气等不可抗因素，未按计划实施的项目，若电网运行方式没有发生重大调整，可按原计划顺延执行。

（3）接受现场送电工作任务，确认送电时间。联系落实送电现场的客户方送电负责人及运行值班人员。

（4）根据分派的送电任务，预先了解待送电客户的现场工程情况、受电点电源情况和受电点外部配电网结构等。告知客户在送电前应预先完成的准备工作、注意事项及安全措施。

（5）确定好配合送电的内部部门及人员、配合的工作内容、时间及事项，打印电能计量装接单（有 2 种装接单分别为附录 2-1、附录 2-2），审核接电条件。如不具备则需继续落实，直至全部到位。

必备条件包括新建的供电工程已验收合格、启动送电方案已审定、客户受电工程已竣工检验合格、供用电合同及有关协议均已签订、业务相关费用已结清、电能计量装置和用电信息采集终端已安装检验合格、客户电气工作人员具备相关资质、客户安全措施已齐备。

2. 送电现场工作

（1）检查和核对客户送电前的现场情况。

（2）应确定送电作业涉及供、用双方相关人员及精神状态是否满足送电要求，涉及送电作业的各种器具、通信设备是否齐全等。

（3）作业人员应对现场设备进行最后的检查，以确保送电顺利进行。检查的内容包括计量装置的封印是否齐全；一次设备是否正确连接；送电现场是否工完、料尽、场清；所有保护设备是否投入正常运行；安全措施是否完全到位，所有接地线已拆除；无关人员已离开作业现场；电源之间的切换和连锁装置是否可靠。填写电能计量装接单（见附录2-1），请客户签字确认。

（4）协调相关工作人员对照启动方案实施现场的送电操作。

（5）属于重要客户的，应同时完成应急备用电源的送电及完成电源间的现场联动闭锁试验。

3. 送电后工作

（1）全面检查一次设备的运行状况；核对一次相位、相序、电能计量装置和采集终端运行是否正常。

（2）对送电中发现的问题联系相关安装试验人员进行及时处理、修复。

（3）同客户现场抄录电能表示数，记录送电时间、变压器启用时间等相关信息，依据现场实际情况填写新装（增容）送电单（见附录2-3），并请客户签字确认。

（4）在营销业务应用系统中填写好变压器实际的投运时间，完成送电终结业务，并将流程发送至下一工作环节。

4. 装表接电的期限

（1）对于无配套电网工程的低压居民客户，在正式受理用电申请后，2个工作日内完成装表接电工作；对于有配套电网工程的低压居民客户，在工程完工当日装表接电。

（2）对于无配套电网工程的低压非居民客户，在正式受理用电申请后，3个工作日内完成装表接电工作；对于有配套电网工程的低压非居民客户，在工程完工当日装表接电。

（3）对于高压客户，在竣工验收合格，签订供用电合同，并办结相关手续后，5个工作日内完成送电工作。

（4）对于有特殊要求的客户，按照与客户约定的时间装表接电。

5. 行为规范

（1）送电前准备。

1）电话预约时需表明身份并说明来意。

2）预约现场工作时间、确认地址，应尽量满足客户提出的时间要求，提醒客户需要满足和配合的事项。

3）电话预约结束时要致谢，并在客户挂断电话后方可挂机。

4）携带相关证件，按国家电网公司要求统一着装、戴安全帽。

5）电能表和互感器领用时应轻拿轻放，将其放入专用器具内。

（2）送电现场作业。

1）应按与客户约定准时到达客户现场。应出示用电检查证，并要求客户电气作业人员配合。如发现因各种原因不具备送电条件时应及时向客户指出。属于供电部门原因的应向客户做出说明，并告知送电时间。

2）送电现场对客户做好指导工作。不得替代客户操作电气设备。

3）送电过程中，如发现客户配电设备故障，严重影响电网和客户自身设备安全运行时，应停止送电查明原因。如短时间可以消除故障的，应及时安排送电；如需较长时间才可以消除故障的，应向客户详细说明，取得客户的理解。

4）工作中认清设备接线标识，严格按照规程进行安装，一人操作一人监护。采取防止走错间隔措施，履行保障安全的技术措施，工作前验电、装设接地线。遵守计量二次回路操作规范，严禁电流互感器二次回路开路。

5）使用作业工具采取绝缘保护，工具、材料必须妥善放置并站在绝缘垫上进行工作。

6）登高作业穿软底绝缘鞋，正确使用工具包和合格登高工具，并应有专人监护。高处作业应使用工具袋，工具、器材上下传递应用绳索拴牢传递，严禁抛掷物品，严禁工作人员站在工作处的垂直下方。

7）带电作业时必须戴无色护目镜。

（3）工作结束。

1）工作结束后，应清理好现场，不能留有工作的残留物和污迹。

2）如在工作中损坏了客户原有设施，应尽量恢复原状。

3）感谢客户配合，并留下服务电话，离开时应向客户礼貌地道别。

4）仔细检查电能计量装接单和工作票的完整性。

5）主动向岗位负责人汇报作业情况和存在问题，提出需改进的措施。

二、高压装表接电表单填写

本书高压案例的×市××汽车配件厂验收合格，现需要装表接电，其高压装表接电表单示例见表 6-1，低压电能计量装接单示例见表 6-2，新装（增容）送电单示例（高压）见表6-3。

表 6-1　　　　　　　　　　　　高压装表接电表单示例

高压电能计量装接单

客户基本信息					
户　号	系统自动生成	申请编号	系统自动生成		（档案标识二维码，系统自动生成）
户　名	×市××汽车配件厂				
用电地址	×市青羊区双顺路 180 号				
联系人	李××	联系电话	135×××2014	供电电压	交流 10kV
合同容量	630kVA	计量方式	高供高计	接线方式	三相三线

装拆计量装置信息									
装/拆	资产编号	计度器类型	表库.仓位码	位数	底度	自身倍率（变比）	电流	规格型号	计量点名称
装	××××××	电能表	青羊区	6.2	0	1000	3×1.5（6）A	DSZ71	01 大工业总表

装/拆	资产编号	计度器类型	表库．仓位码	位数	底度	自身倍率（变比）	电流	规格型号	计量点名称
/	/	/	/	/	/	/	/	/	/
/	/	/	/	/	/	/	/	/	/
/	/	/	/	/	/	/	/	/	/
/	/	/	/	/	/	/	/	/	/
/	/	/	/	/	/	/	/	/	/
/	/	/	/	/	/	/	/	/	/
/	/	/	/	/	/	/	/	/	/
流程摘要	装接完录入 186 系统			备注		无		表计、计量箱（柜）已加封，电能表存度本人已经确认。经办人签章：李××（已盖章）2018 年 8 月×日	
装接人员	赵××　魏××				装接日期			2018 年 8 月×日	

表 6 - 2　　　　　　　　　　低压电能计量装接单示例

低压电能计量装接单

客户基本信息						
户　　号	系统自动生成		申请编号	系统自动生成		（档案标识二维码，系统自动生成）
户　　名	×市××汽车配件厂					
用电地址	×市青羊区双顺路 180 号					
联系人	李××	联系电话	135×××2014	供电电压	交流 10kV	
合同容量	630kVA	电能表准确	1 级	接线方式	三相四线	

装拆计量装置信息

装/拆	资产编号	计度器类型	表库．仓位码	位数	底度	自身倍率（变比）	电流	规格型号	计量点名称
装	×××××××	电能表	青羊区	6.2	0	1	3×10（40）A	DTZ99	02 办公照明
	/	/	/	/	/	/	/	/	
			/	/	/	/	/	/	
						/	/	/	
							/	/	

现场信息

续表

接电点描述	110kV 金沙变电站 10kV 沙桥路 10 号杆塔 T 接点				
表箱条形码	表箱经纬度		表箱类型	表箱封印号	表计封印号
××××××××××××	××°××′××″		单表位表箱	×××××	×××××
采集器条码	××××××××××		安装位置	低压配电室低压计量柜	
流程 摘要	装接完录入 186 系统	备注	无	表计和表箱已加封，电能表 存度本人已经确认。 经办人签章：李××（已盖 章） 2018 年 8 月×日	
装接人员	赵×× 魏××		装接日期	2018 年 8 月×日	

表 6-3　　　　　　　　　新装（增容）送电单示例（高压）

<h2 align="center">新装（增容）送电单</h2>

户　　号	系统自动生成	申请编号	系统自动生成	（档案标识二维码，系 统自动生成）
户　　名	×市××汽车配件厂			
用电地址	×市青羊区双顺路 180 号			
联系人	李××	联系电话	135×××2014	
申请容量	630kVA	合计容量	630kVA	

电源编号	电源性质	电源类型	供电电压	变电站	线路	杆号	变压器 台数	变压器 容量
1	单电源	主供电源	10kV	110kV 金沙 变电站	10kV 沙桥路	10 号	1	630
/	/	/	/	/	/	/	/	/
/	/	/	/	/	/	/	/	/
/	/	/	/	/	/	/	/	/
/	/	/	/	/	/	/	/	/

送电结果和意见：

符合相关送电条件。

送电人	傅×× 邓××	送电日期	2018 年 8 月×日

经办人意见：

按时送电，服务优质。

经办人签收：李××　　　　　　　　　　　　　　　　　　　　2018 年 8 月×日

三、低压装表接电表单填写

本书低压案例的××超市，其低压电能计量装接单示例见表6-4，新装（增容）送电单示例（低压）见表6-5。

表6-4 　　　　　　　　　　　　　低压电能计量装接单示例

低压电能计量装接单

客户基本信息

户　号	系统自动生成		申请编号	系统自动生成		（档案标识二维码，系统自动生成）
户　名	××超市					
用电地址	××市青羊区精城路55号					
联系人	李××	联系电话	135×××6006	供电电压	交流380V	
合同容量	28kW	电能表准确度	1级	接线方式	三相四线	

装拆计量装置信息

装/拆	资产编号	计度器类型	表库.仓位码	位数	底度	自身倍率（变比）	电流	规格型号	计量点名称
装	×××××××	电能表	青羊区	6.2	0	1	3×10(40) A	DTZ9	01商业
/	/	/	/	/	/	/	/	/	/
/	/	/	/	/	/	/	/	/	/
/	/	/	/	/	/	/	/	/	/

现场信息

接电点描述	110kV金沙变电站10kV沙桥路双清北路公变台区			
表箱条形码	表箱经纬度	表箱类型	表箱封印号	表计封印号
××××××××××05	××°××′××″	单表位表箱	×××××	×××××
采集器条码	×××××××××	安装位置	客户外墙	

流程摘要	装接完录人186系统	备注	无	表计和表箱已加封，电能表存度本人已经确认。
				经办人签章： 李××（已盖章）
				2018年8月×日
装接人员	赵×× 魏××	装接日期		2018年8月×日

表6-5　　　　　　　　　新装（增容）送电单示例（低压）

新装（增容）送电单

户　号	系统自动生成	申请编号	系统自动生成	（档案标识二维码，系统自动生成）		
户　名	××超市					
用电地址	××市青羊区精城路55号					
联系人	李××	联系电话	135×××6006			
合同容量	28kW	合计容量	28kW			
电源编号	电源性质	电源类型	供电电压	变电站	线路	杆号	变压器台数	变压器容量
---	---	---	---	---	---	---	---	---
1	单电源	主供电源	380V	110kV金沙变电站	10kV沙桥路	双清北路公变台区	/	/
/	/	/	/	/	/	/	/	/
/	/	/	/	/	/	/	/	/
/	/	/	/	/	/	/	/	/
/	/	/	/	/	/	/	/	/
/	/	/	/	/	/	/	/	/

送电结果和意见：

符合相关送电条件。

送电人	傅××　邓××	送电日期	2018年8月×日

经办人意见：

按时送电，服务优质。

经办人签收：李××　　　　　　　　　　　　　　　2018年8月×日

111

第二节 信 息 归 档

一、归档

（1）推广应用营销档案电子化，逐步取消纸质工单，实现档案信息的自动采集、动态更新、实时传递和在线查阅。在送电后 3 个工作日内，收集、整理并核对归档信息和资料，形成归档资料清单（见附录 2-4）。

（2）制订客户资料归档目录，利用系统校验、95598 回访等方式，核查客户档案资料，确保完整准确。如果档案信息错误或信息不完整，则发起纠错流程。具体要求如下：

1）档案资料应保留原件，确不能保留原件的，保留与原件核对无误的复印件。供电方案答复单、供用电合同及相关协议必须保留原件。

2）档案资料应重点核实有关签章是否真实、齐全，资料填写是否完整、清晰。

3）各类档案资料应满足归档资料要求。档案资料相关信息不完整、不规范、不一致的，应退还给相应业务环节补充完善。

4）业务人员应建立客户档案台账并统一编号建立索引。

二、归档资料

1. 高压客户案例解析

（1）用电登记表。

（2）用电主体资格证明材料（包括营业执照、组织机构代码证）。

（3）产权证明（复印件）或其他证明文书。

（4）主要电气设备清单（影响电能质量的用电设备清单）。

（5）客户承诺书（"一证受理"客户）。

（6）企业、工商、事业单位、社会团体的申请用电委托代理人办理时，应提供：①授权委托书或单位介绍信（原件）；②经办人有效身份证明（复印件）。

（7）现场勘查单。

（8）高压（低压）供电方案答复单。

（9）设计资质证书复印件、客户受电工程设计资质查验意见单。

（10）客户受电工程设计文件送审单（不必备）。

（11）客户受电工程设计文件审查意见单（不必备）。

（12）承装（修、试）电力设施许可证复印件、客户受电工程施工资质查验意见单。

（13）客户受电工程竣工报验单。

（14）竣工资料（包含竣工图纸、电气设备出厂合格证书、电气设备交接试验记录、试验单位资质证明）。

（15）客户受电工程竣工检验意见单。

（16）电能计量装接单。

（17）新装（增容）送电单。

（18）供用电合同及其附件。

2. 低压客户案例解析

（1）用电登记表。

（2）用电主体资格证明材料（包括营业执照、组织机构代码证）。

（3）产权证明（复印件）或其他证明文书。

（4）客户承诺书（"一证受理"客户）。

（5）企业、工商、事业单位、社会团体的申请用电委托代理人办理时，应提供：①授权委托书或单位介绍信（原件）；②经办人有效身份证明（复印件）。

（6）高压（低压）供电方案答复单。

（7）电能计量装接单。

（8）新装（增容）送电单。

（9）供用电合同及其附件。

高压用电信息归档

附录 1

附录 1-1

用电业务办理告知书（高压）

尊敬的电力客户：

欢迎您到国网＃＃供电公司办理用电业务！我公司为您提供营业厅、"掌上电力"手机 APP、95598 网站等业务办理渠道。为了方便您办理业务，请您仔细阅读以下内容。

一、业务办理流程

二、业务办理说明

1. 用电申请

请您按照材料提供要求准备申请资料，详见本告知书背面。

若您暂时无法提供全部资料，我们将提供"一证受理"服务。在您签署《承诺书》后，我们将先行受理，启动后续工作。

2. 确定方案

在受理您用电申请后，我们将安排客户经理按照与您约定的时间到现场查看供电条件，并在 15 个工作日（双电源客户 30 个工作日）内答复供电方案。根据国家《供电营业规则》规定，产权分界点以下部分由您负责施工，产权分界点以上工程由供电企业负责。

3. 工程设计

请您自主选择有相应资质的设计单位开展受电工程设计。

对于重要或特殊负荷客户，设计完成后，请及时提交设计文件，我们将在 10 个工作日内完成审查；其他客户仅查验设计单位资质文件。

4. 工程施工

请您自主选择有相应资质的施工单位开展受电工程施工。

对于重要或特殊负荷客户，在电缆管沟、接地网等隐蔽工程覆盖前，请及时通知我们进行中间检查，我们将于 3 个工作日内完成中间检查。

工程竣工后，请及时报验，我们将于 5 个工作日内完成竣工检验。

5. 装表接电

在竣工检验合格，签订《供用电合同》及相关协议，并按照政府物价部门批准的收费标准结清业务费用后，我们将在 5 个工作日内为您装表接电。

请您对我们的服务进行监督，如有建议或意见，请及时拨打 95598 服务热线或登录"掌上电力"手机 APP，我们将竭诚为您服务！

附录 1 - 2

申请资料清单

序号	资料名称	备注
一	居民客户	
1	用电主体资格证明材料，即与房屋产权人一致的用电人身份证明［如居民身份证、临时身份证、户口本、军官证或士兵证、台胞证、港澳通行证、外国护照、外国永久居留证（绿卡），或其它有效身份证明文书等］原件及复印件	申请时必备
2	客户承诺书（如果客户申请时提供了与用电人身份一致的有效产权证明原件及复印件的，可不要求签署该承诺书）	如果暂不能提供与用电人身份一致的有效产权证明原件及复印件的，签署承诺书后可在后续环节补充
3	产权证明（复印件）或其它证明文书	
二	非居民客户	
1	用电主体资格证明材料（如身份证、营业执照、组织机构代码证等）	申请时必备。已提供加载统一社会信用代码的营业执照的，不再要求提供组织机构代码和税务登记证明
2	客户承诺书（如果客户申请时提供了所有齐全资料的，可不要求签署该承诺书）	如果暂不能提供与用电人身份一致的有效产权证明原件及复印件的，签署承诺书后可在后续环节补充
3	产权证明（复印件）或其它证明文书	
4	企业、工商、事业单位、社会团体的申请用电委托代理人办理时，应提供： （1）授权委托书或单位介绍信（原件）。 （2）经办人有效身份证明复印件（包括身份证、军人证、护照、户口簿或公安机关户籍证明等）	非企业负责人（法人代表）办理时必备
5	政府职能部门有关本项目立项的批复、核准、备案文件	高危及重要客户、高耗能客户必备
6	高危及重要客户： （1）保安负荷具体设备和明细。 （2）非电性质安全措施相关资料。 （3）应急电源（包括自备发电机组）相关资料	高危及重要客户必备
7	煤矿客户需增加以下资料： （1）采矿许可证。 （2）安全生产许可证	煤矿客户必备
8	非煤矿山客户需增加以下资料： （1）采矿许可证。 （2）安全生产许可证。 （3）政府主管部门批准文件	非煤矿山客户必备
9	税务登记证复印件	根据客户用电主体类别提供。已提供加载统一社会信用代码的营业执照的，不再要求提供税务登记证明
10	一般纳税人资格复印件	需要开具增值税发票的客户必备
11	对涉及国家优待电价的应提供政府有权部门核发的资质证明和工艺流程	享受国家优待电价的客户必备

注 增容、变更用电时，客户前期已提供，且在有效期以内的资料无需再次提供。

附录 1 - 3a

高压客户用电登记表

客户基本信息				
户名			户号	
（证件名称）			（证件号码）	
行业			重要客户	是□　否□
用电地址	县（市/区）　　　街道（镇/乡）　　　社区（居委会/村）			
	道路　　　　　　小区　　　　　　组团（片区）			
通信地址			邮编	
电子邮箱				
法人代表		身份证号		
固定电话		移动电话		

客户经办人资料				
经办人		身份证号		
固定电话		移动电话		

用电需求信息			
业务类型	新装□　　增容□　　临时用电□		
用电类别	工业□　非工业□　商业□　农业□　其它□		
第一路电源容量	千瓦	原有容量：　千伏安	申请容量：　千伏安
第二路电源容量	千瓦	原有容量：　千伏安	申请容量：　千伏安
自备电源	有□　无□	容量：　千瓦	
需要增值税发票	是□　否□	非线性负荷	有□　无□

特别说明：

本人（单位）已对本表及附件中的信息进行确认并核对无误，同时承诺提供的各项资料真实、合法、有效。

经办人签名（单位盖章）：_____

供电企业填写	受理人：		申请编号：	
	受理日期：		供电企业（盖章）：	

附录 1 - 3b

重要事项告知

一、贵户根据供电可靠性需求,可另外申请备用电源、自备发电设备或自行采取非电保安措施。

二、贵户在申请用电时,还需提供用电工程项目批准文件等政府部门要求及《供电营业规则》要求的有关用电资料。

三、贵户如有受电工程,可自主选择具备相应资质的设计单位、施工单位和设备供应单位。

四、贵户受电工程竣工并自验收合格后,请及时联系供电企业进行竣工检验,需提供施工单位资质证明及竣工报告。

五、送电前须签订《供用电合同》。

六、如勾选了需要增值税发票选项,请填写《业务联系单》增值税发票资料。

附录 1 - 3c

客户主要用电设备清单

户号				申请编号	
户名					
序号	设备名称	型号	数量	总容量 （千瓦/千伏安）	负荷等级

用电设备容量合计：

　　台　　　　千瓦（千伏安）

根据用电设备容量及用电情况统计

我户需求负荷为　　　　千瓦

经办人签名（单位盖章）：　　　　　　　　　　　年　　月　　日

（系统自动生成）

附录 1 - 4

承诺书

非居民客户承诺书

国网♯♯供电公司：

本人（单位）因_____需要办理用电申请手续，此次申请用电的地址为_____，申请用电的容量_____千伏安（或千瓦）。因_____原因，目前暂时只能提供本单位的主体资格证明资料《_____》，其他相应的用电申请资料在以下时间点提供：

在（时间或环节）前提交资料 1：《_____》。

在（时间或环节）前提交资料 2：《_____》。

……

为保证本单位能够及时用电，在提请供电公司先启动相关服务流程，我本人（单位）承诺：

1. 我方已清楚了解上述各项资料是完成用电报装的必备条件，不能在规定的时间提交将影响后续业务办理，甚至造成无法送电的结果。若因我方无法按照承诺时间提交相应资料，由此引起的流程暂停或终止、延迟送电等相应后果由我方自行承担。

2. 我方已清楚了解所提供各类资料的真实性、合法性、有效性、准确性是合法用电的必备条件。若因我方提供资料的真实性、合法性、有效性、准确性问题造成无法按时送电，或送电后在生产经营过程中发生事故，或被政府有关部门责令中止供电、关停、取缔等情况，所造成的法律责任和各种损失后果由我方全部承担。

用电人（承诺人）：

年   月   日

附录 1-5

联系人资料表

户号					申请编号										
户名															
法人 联系人	姓　名		固定电话		移动电话										
	邮　编		通讯地址												
	传　真		电子邮箱												
电气 联系人	姓　名		固定电话		移动电话										
	邮　编		通讯地址												
	传　真		电子邮箱												
账务 联系人	姓　名		固定电话		移动电话										
	邮　编		通讯地址												
	传　真		电子邮箱												
业务办理 联系人	姓　名		固定电话		移动电话										
	邮　编		通讯地址												
	传　真		电子邮箱												
经办人签名（单位盖章）：								年　　月　　日							
其他说明	办理高压和低压非居民新装、临时用电业务时应填写本表。办理其他业务，根据实际需要填写														

附录 1 - 6a

用电业务办理告知书（低压非居民）

尊敬的电力客户：

欢迎您到国网♯♯供电公司办理用电业务！我公司为您提供营业厅、"掌上电力"手机 APP、95598 网站等业务办理渠道。为了方便您办理业务，请您仔细阅读以下内容。

一、业务办理流程

二、业务办理说明

1. 用电申请

您在办理用电申请时，请提供以下申请材料：

用电主体资格证明材料［自然人客户提供身份证、军人证、护照、户口簿或公安机关户籍证明等；法人或其他组织提供法人代表有效身份证明（同自然人）、营业执照（或组织机构代码证）等］。

房屋产权证明或土地权属证明文件。

若您暂时无法提供房屋产权证明或土地权属证明文件，我们将提供"一证受理"服务。在您签署《客户承诺书》后，我们将先行受理，启动后续工作。

2. 确定方案

受理您用电申请后，我们将 5 个工作日内，或者按照与您约定的时间开展上门服务并答复您供电方案，请您配合做好相关工作。

3. 工程实施

如果您的用电涉及工程施工，根据国家规定，产权分界点以下部分由您负责施工，产权分界点以上工程由供电企业负责。

请您自主选择您产权范围内工程的施工单位（具备相应资质），工程竣工后，请及时报验，我们将在 3 个工作日内完成竣工检验。

4. 装表接电

在竣工检验合格，签订《供用电合同》及相关协议，并按照政府物价部门批准的收费标准结清业务费用后，我们将在 3 个工作日内为您装表接电。

请您对我们的服务进行监督，如有建议或意见，请及时拨打 95598 服务热线或登录"掌上电力"手机 APP，我们将竭诚为您服务！

附录 1 - 6b

用电业务办理告知书（居民生活）

尊敬的电力客户：

欢迎您到国网＃＃供电公司办理用电业务！我公司为您提供营业厅、"掌上电力"手机APP、95598网站等业务办理渠道。为了方便您办理业务，请您仔细阅读以下内容。

一、业务办理流程

二、业务办理说明

___

①用电申请

___

在受理您用电申请后，请您与我们签订供用电合同，并按照当地物价管理部门价格标准交清相关费用。您需提供的申请材料应包括：房屋产权证明以及与产权人一致的用电人身份证明。

若您暂时无法提供房屋产权证明，我们将提供"一证受理"服务。在您签署《客户承诺书》后，我们将先行受理，启动后续工作。

___

②装表接电

___

受理您用电申请后，我们将在2个工作日内，或者按照与您约定的时间开展上门服务并答复供电方案，请您配合做好相关工作。如果您的用电涉及工程施工，在工程竣工后，请及时报验，我们将在3个工作日内完成竣工检验。您办结相关手续，并经验收合格后，我们将在2个工作日内装表接电。

您应当按照国家有关规定，自行购置、安装合格的漏电保护装置，确保用电安全。

___

请您对我们的服务进行监督，如有建议或意见，请及时拨打95598服务热线或登录"掌上电力"手机APP，我们将竭诚为您服务！

附录 1 - 6c

申请资料清单

序号	资料名称	备注
一	居民客户	
1	用电主体资格证明材料,即与房屋产权人一致的用电人身份证明〔如居民身份证、临时身份证、户口本、军官证或士兵证、台胞证、港澳通行证、外国护照、外国永久居留证(绿卡),或其他有效身份证明文书等〕原件及复印件	申请时必备
2	客户承诺书(如果客户申请时提供了与用电人身份一致的有效产权证明原件及复印件的,可不要求签署该承诺书)	如果暂不能提供与用电人身份一致的有效产权证明原件及复印件的,签署承诺书后可在后续环节补充
3	产权证明(复印件)或其他证明文书	
二	非居民客户	
1	用电主体资格证明材料(如身份证、营业执照、组织机构代码证等)	申请时必备。已提供加载统一社会信用代码的营业执照的,不再要求提供组织机构代码和税务登记证
2	客户承诺书(如果客户申请时提供了所有齐全资料的,可不要求签署该承诺书)	如果暂不能提供与用电人身份一致的有效产权证明原件及复印件的,签署承诺书后可在后续环节补充
3	产权证明(复印件)或其他证明文书	
4	企业、工商、事业单位、社会团体的申请用电委托代理人办理时,应提供: (1)授权委托书或单位介绍信(原件)。 (2)经办人有效身份证明复印件(包括身份证、军人证、护照、户口簿或公安机关户籍证明等)	非企业负责人(法人代表)办理时必备
5	政府职能部门有关本项目立项的批复、核准、备案文件	高危及重要客户、高耗能客户必备
6	高危及重要客户: (1)保安负荷具体设备和明细。 (2)非电性质安全措施相关资料。 (3)应急电源(包括自备发电机组)相关资料	高危及重要客户必备
7	煤矿客户需增加以下资料: (1)采矿许可证。 (2)安全生产许可证	煤矿客户必备
8	非煤矿山客户需增加以下资料: (1)采矿许可证。 (2)安全生产许可证。 (3)政府主管部门批准文件	非煤矿山客户必备
9	税务登记证复印件	根据客户用电主体类别提供。已提供加载统一社会信用代码的营业执照的,不再要求提供税务登记证
10	一般纳税人资格复印件	需要开具增值税发票的客户必备
11	对涉及国家优待电价的应提供政府有权部门核发的资质证明和工艺流程	享受国家优待电价的客户必备

注 增容、变更用电时,客户前期已提供,且在有效期以内的资料无需再次提供。

附录 1－7a

承诺书

非居民客户承诺书

国网＃＃供电公司：

本人（单位）因_____需要办理用电申请手续，此次申请用电的地址为_____，申请用电的容量_____千伏安（或千瓦）。因_____原因，目前暂时只能提供本单位的主体资格证明资料《_____》，其他相应的用电申请资料在以下时间点提供：

在（时间或环节）前提交资料 1：《_____》。

在（时间或环节）前提交资料 2：《_____》。

……

为保证本单位能够及时用电，在提请供电公司先启动相关服务流程，我本人（单位）承诺：

1. 我方已清楚了解上述各项资料是完成用电报装的必备条件，不能在规定的时间提交将影响后续业务办理，甚至造成无法送电的结果。若因我方无法按照承诺时间提交相应资料，由此引起的流程暂停或终止、延迟送电等相应后果由我方自行承担。

2. 我方已清楚了解所提供各类资料的真实性、合法性、有效性、准确性是合法用电的必备条件。若因我方提供资料的真实性、合法性、有效性、准确性问题造成无法按时送电，或送电后在生产经营过程中发生事故，或被政府有关部门责令中止供电、关停、取缔等情况，所造成的法律责任和各种损失后果由我方全部承担。

用电人（承诺人）：

年　月　日

居民客户承诺书

（说明：如果客户申请时提供了与用电人身份一致的有效产权证明原件及复印件的，可不要求签署该承诺书。）

国网＃＃供电公司：

　　本人申请居民用电的地址为＿＿＿＿＿＿＿＿。本人承诺提供的身份证明资料（证件名称：＿＿＿＿＿＿＿＿，证件号码＿＿＿＿＿＿＿＿＿＿＿＿）真实、合法、有效，并与该用电地址的产权人一致。本人已清楚了解用电地址房屋产权以及用电人身份的真实性、合法性、有效性、一致性是完成用电报装、合法用电的必备条件。若因本人提供资料的真实性、合法性、有效性、一致性问题造成的流程暂停或终止、无法按时送电，或送电后发生各种法律纠纷，或被政府有关部门责令中止供电等情况，供电公司有权按照政府部门或实际产权人要求拆表中止供电，所造成的法律责任和各种损失后果由本人全部承担。

用电人（承诺人）：

年　月　日

附录 1 - 8a

低压非居民用电登记表

客户基本信息																			
户　　名				户号															
（证件名称）				（证件号码）															
用电地址																			
通信地址				邮编															
电子邮箱																			

（档案标识二维码，系统自动生成）

法人代表		身份证号																
固定电话		移动电话																

经办人信息

经办人		身份证号																
固定电话		移动电话																

申请事项

业务类型	新装□　　　增容□　　　临时用电□		
申请容量		供电方式	
需要增值税发票	是□　　否□		
增值税 发票资料	增值税户名	纳税地址	联系电话
	纳税证号	开户银行	银行账号

告知事项

贵户根据供电可靠性需求，可申请备用电源、自备发电设备或自行采取非电保安措施。

服务确认

特别说明：

本人（单位）已对本表信息进行确认并核对无误，同时承诺提供的各项资料真实、合法、有效。

经办人签名（单位盖章）：_____

年　　月　　日

供电企业填写	受理人：	申请编号：
	受理日期：　　年　月　日	

附录 1－8b

低压居民生活用电登记表

客户基本信息				
客户名称				（档案标识二维码，系统自动生成）
（证件名称）	（证件号码）			
用电地址				
通信地址		邮编		
电子邮箱				
固定电话		移动电话		

经办人信息			
经办人		身份证号	
固定电话		移动电话	

服务确认			
业务类型	新装□　　增容□		
户　　号		户　　名	
供电方式		供电容量	
电　　价		增值服务	
收费名称		收费金额	
其他说明			

特别说明：

　　本人已对本表信息进行确认并核对无误，同时承诺提供的各项资料真实、合法、有效，并愿意签订供用电合同，遵守所签合同中的各项条款。

经办人签名：＿＿＿＿＿＿

年　　月　　日

供电企业填写	受理人员：	申请编号：
	受理日期：　　　　年　月　日	

附录 2

附录 2 - 1

低压电能计量装接单

客户基本信息					
户　号		申请编号			（档案标识二维码，系统自动生成）
户　名					
用电地址					
联系人		联系电话		供电电压	
合同容量		电能表准确度		接线方式	

装拆计量装置信息									
装/拆	资产编号	计度器类型	表库．仓位码	位数	底度	自身倍率（变比）	电流	规格型号	计量点名称

现场信息				
接电点描述				
表箱条形码	表箱经纬度	表箱类型	表箱封印号	表计封印号
采集器条码		安装位置		

流程摘要		备注		表计和表箱已加封，电能表存度本人已经确认。 经办人签章： 年　月　日
装接人员		装接日期		年　月　日

高压电能计量装接单

客户基本信息							
户 号		申请编号					（档案标识二维码，系统自动生成）
户 名							
用电地址							
联系人		联系电话		供电电压			
合同容量		计量方式		接线方式			

装拆计量装置信息

装/拆	资产编号	计度器类型	表库．仓位码	位数	底度	自身倍率（变比）	电流	规格型号	计量点名称

流程摘要		备注		表计、计量箱(柜)已加封，电能表存度本人已经确认。经办人签章：年 月 日

装接人员		装接日期	年 月 日

129

附录 2 - 3

新装（增容）送电单

户 号		申请编号		(档案标识二维码，系统自动生成)
户 名				
用电地址				
联系人		联系电话		
申请容量		合计容量		

电源编号	电源性质	电源类型	供电电压	变电站	线路	杆号	变压器台数	变压器容量

送电结果和意见：

送电人		送电日期	年　月　日

经办人意见：

经办人签收：　　　　　　　　　　　　　　　　　　　年　月　日

附录 2 - 4

业扩报装归档资料清单

环节	名　称	低压		高压
		居民	非居	
受理申请	用电登记表	√	√	√
	客户有效身份证明（复印件）。 低压居民客户：用电主体资格证明材料，即与房屋产权人一致的用电人身份证明〔包括居民身份证、临时身份证、户口本、军官证或士兵证、台胞证、港澳通行证、外国护照、外国永久居留证（绿卡），或其它有效身份证明文书等〕原件及复印件。 非居民客户：用电主体资格证明材料（包括营业执照、组织机构代码证）	√	√	√
	客户承诺书（"一证受理"客户）	△	△	△
	产权证明（复印件）或其他证明文书	√	√	√
	主要电气设备清单（影响电能质量的用电设备清单）			√
	企业、工商、事业单位、社会团体的申请用电委托代理人办理时，应提供： （1）授权委托书或单位介绍信（原件）。 （2）经办人有效身份证明（复印件）		△	△
	政府职能部门有关本项目立项的批复、核准（两高客户必须留存）			△
	（1）非电性质安全措施相关资料。 （2）应急电源（包括自备发电机组）相关资料。 （3）保安负荷、双电源、双回路的必要性及具体设备和明细（高危及重要客户必须留存）			△
供电方案	现场勘查单			√
	高压（低压）供电方案答复单	√	√	√
受电工程设计文件审查	设计资质证书复印件、客户受电工程设计资质查验意见单			√
	客户受电工程设计文件送审			△
	客户受电工程设计文件审查意见单			△
受电工程中检查及竣工检验	承装（修、试）电力设施许可证复印件、客户受电工程施工资质查验意见单			√
	客户受电工程竣工报验单			√
	竣工资料（包含竣工图纸、电气设备出厂合格证书、电气设备交接试验记录、试验单位资质证明）			√
	客户受电工程竣工检验意见单			√
	电能计量装接单	√	√	√
送电	新装（增容）送电单	√	√	√
	供用电合同及其附件	√	√	√

说明：标注√必需存档；标注△视情况存档。

附录 3

高压供电方案答复单

客户基本信息

户　号	系统自动生成	申请编号	系统自动生成	
户　名	××市××汽车配件厂			（档案标识二维码，系统自动生成）
用电地址	××市××区××路××号			
用电类别	大工业	行业分类	汽车零部件及配件制造	
拟定客户分级	三级	供电容量	630kVA	
联系人	李××	联系电话	135×××2014	

营业费用

费用名称	单价	数量（容量）	应收金额（元）	收费依据
/	/	/	/	/

告知事项

依据国家有关政策、贵户用电需求以及当地供电条件，经双方协商一致，现将贵户供电方案答复如下：

■受电工程具备供电条件，供电方案详见正文。

□受电工程不具备供电条件，主要原因是＿＿＿＿＿＿＿＿＿＿＿＿＿＿＿＿＿＿＿＿＿＿＿，待具备供电条件时另行答复。

　本供电方案有效期自客户签收之日起一年内有效。如遇有特殊情况，需延长供电方案有效期的，客户应在有效期到期前十天向供电企业提出申请，供电企业视情况予以办理延长手续。

　贵户接到本通知后，即可委托有资质的电气设计、承装单位进行设计和施工。

客户签名（单位盖章）：　　　　　　　　　　　　　　供电企业（盖章）：

李××（已盖章）　　　　　　　　　　　　　　　　××供电公司（已盖章）

××年　　××月　　××日　　　　　　　　　××年　　××月　　××日（系统自动生成）

客户的供电方案答复单

一、客户接入系统方案

供电电源情况

供电企业向客户提供<u>10kV 单电源单回路</u>三相交流 50Hz 电源。

（1）第一路电源。

电源性质：<u>主供电源</u>　　　　　　　　　电源类型：<u>专变</u>

供电电压：<u>10kV</u>　　　　　　　　　　　供电容量：<u>630kVA</u>

供电电源接电点：<u>110kV 金沙变电站 10kV 沙桥路支线 10 号杆塔</u>

产权分界点：<u>110kV 金沙变电站 10kV 沙桥路支线 10 号杆塔，T 接点向负荷侧 20cm 处</u>，分界点电源侧产权属供电企业，分界点负荷侧产权属客户。

进出线路敷设方式及路径：建议<u>经 110kV 金沙变电站 10kV 沙桥路支线 10 号杆塔向其 630VA 专变供电，采用架空线路</u>具体路径和敷设方式以设计勘察结果以及政府规划部门最终批复为准。

（2）第二路电源。

电源性质：___/___　　　　　　　　　　电源类型：___/___

供电电压：___/___　　　　　　　　　　供电容量：___/___

供电电源接电点：_____/_____

产权分界点：_____/_____，分界点电源侧产权属供电企业，分界点负荷侧产权属客户。

进出线路敷设方式及路径：建议_____/_____。具体路径和敷设方式以设计勘察结果以及政府规划部门最终批复为准。

二、客户受电系统方案

（1）受电点建设类型：采用__高压配电房__方式。

（2）受电容量：合计__630__千伏安。

（3）电气主接线：采用__单母线接线__方式。

（4）运行方式：电源采用__单回路__方式，电源连锁采用__/__方式。

（5）无功补偿：按无功电力就地平衡的原则，按照国家标准、电力行业标准等规定设计并合理装设无功补偿设备。补偿设备宜采用自动投切方式，防止无功倒送，在高峰负荷时的功率因数不宜低于0.95。

（6）继电保护：宜采用数字式继电保护装置，电源进线采用__过电流和速断__保护。

（7）调度、通信及自动化：与__/__建立调度关系；配置相应的通信自动化装置进行联络，通信方案建议__/__。

（8）自备应急电源及非电保安措施：客户对重要保安负荷配备足额容量的自备应急电源及非电性质保安措施，自备应急电源容量应不少于保安负荷的120%，自备应急电源与电网电源之间应设可靠的电气或机械闭锁装置，防止倒送电；非电性质保安措施应符合生产特点，负荷性质，满足无电情况下保证客户安全的需求。

（9）电能质量要求：

1）存在非线性负荷设备 ___/___ 接入电网，应委托有资质的机构出具电能质量评估报告，并提交初步治理技术方案。

2）用电负荷注入公用电网连接点的谐波电压限值及谐波电流允许值应符合《电能质量 公用电网谐波》（GB/T 14549）国家标准的限值。

3）冲击性负荷产生的电压波动允许值，应符合 GB/T 12326—2008《电能质量 电压波动和闪变》国家标准的限值。

三、计量计费方案

（1）计量点设置及计量方式。

计量点 1：计量装置装设在<u>客户高压配电房高压计量柜</u>处，计量方式为<u>高供高计</u>，接线方式为<u>三相三线</u>，计量点电压<u>10kV</u>。

电压互感器变比为<u>10/0.1kV</u>、准确度等级为<u>0.5</u>。

电流互感器变比为<u>50/5A</u>、准确度等级为<u>0.5S</u>。

电价类别为：<u>大工业</u>。

定量定比为：___/___（应说明是从那个计量点下的电量进行定量定比）。

计量点 2：计量装置装设在<u>用户低压配电室低压配电盘内</u>处，计量方式为<u>高供低计</u>，接线方式为<u>三相四线</u>，计量点电压<u>380V</u>。

电压互感器变比为___/___、准确度等级为___/___。

电流互感器变比为___/___、准确度等级为___/___。

电价类别为：___/___。

定量定比为：___/___（应说明是针对哪个计量点下的电量进行定量定比）。

（2）用电信息采集终端安装方案：配装<u>Ⅲ</u>型专变采集终端<u>1</u>台，终端装设于<u>主用电能表前端</u>处，用于远程监控及电量数据采集。

（3）功率因数考核标准：根据国家《功率因数调整电费办法》的规定，功率因数调整电费的考核标准为<u>0.9</u>。

根据政府主管部门批准的电价（包括国家规定的随电价征收的有关费用）执行，如发生电价和其他收费项目费率调整，按政府有关电价调整文件执行。

四、其他事项

_____/_____

_____

_____

_____

五、接线简图

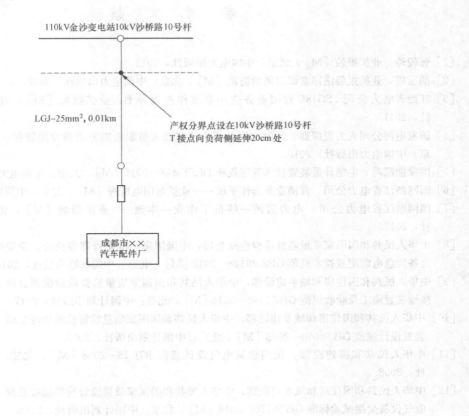

参 考 文 献

［1］张俊玲．业扩报装［M］．北京：中国电力出版社，2013.

［2］胡玉梅．业扩报装法律常识与风险防范［M］．北京：中国电力出版社，2012.

［3］江西省电力公司．SG186 营销业务应用系统作业指导书：业扩报装［M］．北京：中国电力出版社，2011.

［4］国家电网公司人力资源部．国家电网公司生产技能人员职业能力培训专用教材：用电检查［M］．北京：中国电力出版社，2010.

［5］国家能源局．电能计量装置技术管理规程 DL/T 448—2016［M］．北京：中国电力出版社，2017.

［6］国网浙江省电力公司．营销业务操作手册——业扩与用电检查［M］．北京：中国电力出版社，2013.

［7］国网浙江省电力公司．电力营销一线员工作业一本通——业扩报装［M］．北京：中国电力出版社，2017.

［8］中华人民共和国国家质量监督检验检疫总局，中国国家标准化管理委员会．重要电力用户供电电源及自备应急电源配置技术规范 GBZ 29328—2012［M］．北京：中国标准出版社，2013.

［9］中华人民共和国住房和城乡建设部，中华人民共和国国家质量监督检验检测总局．电气装置安装工程接地装置施工及验收规范 GB 50169—2016［M］．北京：中国计划出版社，2017.

［10］中华人民共和国住房和城乡建设部，中华人民共和国国家质量监督检验检疫总局．3—110kV 高压配电装置设计规范 GB 50060—2008［M］．北京：中国计划出版社，2009.

［11］中华人民共和国建设部．民用建筑电气设计规范 JGJ 16—2008［M］．北京：中国建筑工业出版社，2008.

［12］中华人民共和国住房和城乡建设部，中华人民共和国国家质量监督检验检疫总局．电气装置安装工程电气设备交接试验标准 GB 50150—2016［M］．北京：中国计划出版社，2016.